普通高等学校建筑安全系列规划教材

工程地质学及地质灾害防治

主编　高德彬　郝建斌

北　京

冶金工业出版社

2022

内 容 提 要

本书系统地介绍了工程地质学及地质灾害防治的基本理论和方法，主要内容包括绪论、造岩矿物与岩石（体）、地质构造及其对工程的影响、土的工程地质性质、地下水、外力地质作用对工程的影响、工程地质勘察基本方法、滑坡灾害及其防治、崩塌灾害及其防治、泥石流灾害及其防治、地面塌陷灾害及其防治、地面沉降灾害及其防治、地裂缝灾害及其防治等。

本书可作为大专院校地质工程专业、土木工程专业、安全工程专业、防灾减灾工程及防护工程专业及其他土建类相关专业的教材，也可供从事与工程地质及灾害防治有关的研究人员、工程技术人员和管理人员参考。

图书在版编目（CIP）数据

工程地质学及地质灾害防治/高德彬，郝建斌主编. —北京：冶金工业出版社，2022.10

普通高等学校建筑安全系列规划教材

ISBN 978-7-5024-7985-5

Ⅰ.①工… Ⅱ.①高… ②郝… Ⅲ.①工程地质学—高等学校—教材②地质灾害—灾害防治—高等学校—教材 Ⅳ.①P642 ②P694

中国版本图书馆 CIP 数据核字（2022）第 185742 号

工程地质学及地质灾害防治

出版发行	冶金工业出版社		电　　话	(010)64027926
地　　址	北京市东城区嵩祝院北巷 39 号		邮　　编	100009
网　　址	www.mip1953.com		电子信箱	service@mip1953.com

责任编辑　杨　敏　美术编辑　吕欣童　版式设计　禹　蕊
责任校对　李　娜　卿文春　责任印制　李玉山　窦　唯
北京印刷集团有限责任公司印刷
2022 年 10 月第 1 版，2022 年 10 月第 1 次印刷
787mm×1092mm　1/16；10.75 印张；253 千字；157 页
定价 35.00 元

投稿电话　(010)64027932　投稿信箱　tougao@cnmip.com.cn
营销中心电话　(010)64044283
冶金工业出版社天猫旗舰店　yjgycbs.tmall.com
（本书如有印装质量问题，本社营销中心负责退换）

序

人类所有生产、生活都源于生命的存在，而安全是人类生命与健康的基本保障，是人类生存的最重要和最基本的需求。安全生产的目的就是通过人、机、物、环境、方法等的和谐运作，使生产过程中各种潜在的事故风险和伤害因素处于有效控制状态，切实地保护劳动者的生命安全和身体健康。它是企业生存和实施可持续发展战略的重要组成部分和根本要求，是构建和谐社会，全面建设小康社会的有力保障和重要内容。

当前，我国正处在经济建设和城市化加速发展的重要时期，建筑行业规模逐年增加，其从业人员已成为我国最大的行业劳动群体；建筑项目复杂程度越来越高，其安全生产工作的内涵也随之发生了重大变化。总的来看，建筑安全事故防范的重要性越来越大，难度也越来越高。如何保证建筑工程安全生产，避免或减少安全事故的发生，保护从业人员的安全和健康，是我国当前工程建设领域亟待解决的重大课题。

从我国建设工程安全事故发生起因来看，主要涉及人的不安全行为、物的不安全状态、管理缺失及环境影响等几大方面，具体包括设计不符合规范、违章指挥和作业、施工设备存在安全隐患、施工技术措施不当、无安全防范措施或不能落实到位、未作安全技术交底、从业人员素质低、未进行安全技术教育培训、安全生产资金投入不足或被挪用、安全责任不明确、应急救援机制不健全等等，其中，绝大多数事故是从业人员违章作业所致。造成这些问题的根本原因在于建筑行业中从事建筑安全专业的技术和管理人才匮乏，建设工程项目管理人员缺乏系统的建筑安全技术与管理基础理论及安全生产法律法规知识，不能对广大一线工作人员进行系统的安全技术与事故防范基础知识的教育与培训，从业人员安全意识淡薄，缺乏必要的安全防范意识以及应急救援能力。

近年来，为了适应建筑业的快速发展及对安全专业人才的需求，我国一些高等学校开始从事建筑安全方面的教育和人才培养，但是由于安全工程专业设置时间较短，在人才培养方案、教材建设等方面尚不健全。各高等院校安全工程专业在开设建筑安全方向的课程时，还是以采用传统建筑工程专业的教材为主，因这类教材从安全角度阐述建筑工程事故防范与控制的理论较少，并不完全适应建筑安全类人才的培养目标和要求。

随着建筑工程范围的不断拓展，复杂程度不断提高，安全问题更加突出，在建筑工程领域从事安全管理的其他技术人员，也需要更多地补充这方面的专业知识。

为弥补当前此类教材的不足，加快建筑安全类教材的开发及建设，优化建筑安全工程方向大学生的知识结构，在冶金工业出版社的支持下，由长安大学组织，西安建筑科技大学、西安科技大学、中国人民武装警察部队学院、天津城建大学、天津理工大学等兄弟院校共同参与编纂了这套"建筑安全工程系列教材"，包括《建筑工程概论》《建筑结构设计原理》《地下建筑工程》《建筑施工组织》《建筑工程安全管理》《建筑施工安全专项设计》《建筑消防工程》《工程地质学及地质灾害防治》等。这套教材力求结合建筑安全工程的特点，反映建筑安全工程专业人才所应具备的知识结构，从地上到地下，从规划、设计到施工等，给学习者提供全面系统的建筑安全专业知识。

本套系列教材编写出版的基本思路是针对当前我国建设工程安全生产和安全类高等学校教育的现状，在安全学科平台上，运用现代安全管理理论和现代安全技术，结合我国最新的建设工程安全生产法律、法规、标准及规范，系统地论述建设工程安全生产领域的施工安全技术与管理，以及安全生产法律法规等基础理论和知识，结合实际工程案例，将理论与实践很好地联系起来，增强系列教材的理论性、实用性、系统性。相信本套系列教材的编纂出版，将对我国安全工程专业本科教育的发展和高级建筑安全专业人才的培养起到十分积极的推进作用，同时，也将为建筑生产领域的实际工作者提高安全专业理论水平提供有益的学习资料。

祝贺建筑安全系列教材的出版，希望它在我国建筑安全领域人才培养方面发挥重要的作用。

2014 年 7 月于西安

前　言

　　工程地质学是地质学的分支学科，其介于工程学及地质学之间，主要研究工程活动与地质环境之间的相互作用，并将地质学理论应用于工程实践当中，通过工程地质调查及理论的综合研究，对工程场地的工程地质条件进行评价，解决与工程活动有关的工程地质问题，预测并论证工程活动区域内各种工程地质问题的发生与发展规律，并提出其改善和防治的技术措施，为工程活动的规划、设计、施工、运营及安全管理等提供所必需的地质技术资料。地质灾害是指由于自然、人为或综合地质作用，使地质环境产生突发的或渐进的破坏，并对人类生命财产造成危害的地质作用或事件。作为工程地质的研究对象，地质灾害往往会对人类工程活动造成严重影响。因此，作为工程建设一线人员，必须对工程地质学及地质灾害问题有所了解。

　　我国对地质灾害防治工作十分重视，且地质灾害预测预警与防治工作任务繁重，对相关人才需求越来越迫切。为此，我校（长安大学）安全工程专业为本科生和研究生相继开设了"工程地质学""地质灾害评估与防治"等相关课程。根据课程教学大纲要求，编者在多年教学、科研积累及工程实践的基础上，总结多年的教学实践经验，编写了本书。本书主要分为两个部分，共13章，第一部分为工程地质学的基本理论及技术方法，第二部分为滑坡、崩塌、泥石流、地面塌陷、地面沉降、地裂缝等常见地质灾害及其防治。本书编写的目的是从学科角度，系统地阐述工程地质学与地质灾害的理论体系与研究方法，尽可能全面地论述该学科所涉及的工程地质学原理及地质灾害防治方法等，为高等院校相关专业的本科生提供一本实用的教材。

　　本书由长安大学高德彬和郝建斌担任主编。第1章~第5章、第7章、第9章、第10章、第12章由高德彬编写；第6章、第8章、第11章、第13章由郝建斌编写。硕士生马学通、杨映湖和田艺苑参与了部分章节的编写及校对工作。

　　本书在编写过程中，参考了有关文献，在此对文献作者表示衷心的感谢。

　　由于时间仓促及编者的水平所限，书中难免存在不足之处，敬请读者批评指正。

编　者
2022 年 3 月

目　　录

1 绪 论

1.1 工程地质与地质灾害的研究对象与任务

随着地球环境的日益恶化和自然灾害的频繁发生，人们已经意识到所有的环境问题都与地质环境密切相关。一方面，大地构造循环、岩石循环、地球化学循环、水循环对大陆与海洋的分布和全球性气候变化起着决定性作用，控制着地貌、岩石、矿物、土壤、水体的空间分布；另一方面，人类的生存离不开地质环境，人类活动又在改变着地质环境。人类与地质环境之间存在着相互作用、相互制约的密切关系。地球上一切工程建筑物都建造于地壳表层一定的地质环境中。地质环境以一定的作用影响建筑物的安全、经济和正常使用；而建（构）筑物的兴建又反作用于地质环境，使自然地质条件发生变化，最终又影响到建筑物本身。二者就处于既相互联系，又相互制约的矛盾之中。各种建筑的规划、设计、施工和运行只有通过工程地质研究，才能使工程建筑物与地质环境相互协调，既保证工程建筑安全可靠、经济合理、运行正常，又保证地质环境不会因工程的兴建而恶化。

工程地质与地质灾害主要研究地质环境与工程建筑物之间的关系，促使二者之间的矛盾转化和解决。这一整套研究的核心是工程建筑物与地质环境二者之间的相互制约和相互作用，这就是工程地质与地质灾害的研究对象。

工程地质与地质灾害的主要任务是通过勘察和分析，阐明建筑地区的工程地质条件，在分析地质环境组成要素的特征和变化规律的基础上，研究人类活动与地质环境的相互关系，揭示环境地质问题的发生、发展和演化趋势，全面评价地质环境质量，指出并评价存在的工程地质问题，为建筑物的设计、施工和使用提供所需的地质资料。

1.2 工程地质与地质灾害的研究内容

工程地质与地质灾害的任务决定了它的研究内容，归纳起来主要有以下几个方面。

（1）岩土工程性质的研究。地球上任何建筑物均离不开岩土体，无论是分析工程地质条件，或是评价工程地质问题，首先要对岩土的工程性质进行研究。研究内容包括岩土的工程地质性质及其形成变化规律，各项参数的测试技术和方法，岩土体的类型和分布规律，以及对其不良性质进行改善等。有关这方面的研究是由工程地质学的分支学科——工程岩土学来进行的。

（2）工程动力地质作用的研究。地壳表层由于受到各种自然营力包括地球内力和外力作用，还有人类的工程经济活动，影响建筑物的稳定和正常使用。这种对工程建筑有影响的地质作用，即为工程动力地质作用。通常将因自然营力引起的各种地质现象称为物理地质现象，由于人类工程经济活动引起的地质现象称为工程地质现象。研究工程动力地质作用（现象）的形成机制、规模、分布、发展演化的规律以及有关工程地质问题，并对其进行定性和定量评价，以及有效地进行防治、改造，是工程地质学的另一分支学科——

工程动力地质学的研究内容。

（3）工程地质勘察理论和技术方法的研究。为了查明建筑场地的工程地质条件，论证工程地质问题，正确地做出工程地质评价，以提供建筑物设计、施工和使用所需的地质资料，需要进行工程地质勘察。不同类型、结构和规模的建（构）筑物，对工程地质条件的要求以及所产生的工程地质问题各不相同，因而勘察方法的选择、工作的布置原则以及工作量的使用也不相同。为了保证各类建筑物的安全和正常使用，首先必须详细而深入地研究可能产生的工程地质问题，在此基础上安排勘察工作。同时，应制订适用于不同类型工程建筑的各种勘察规范或工作手册，作为勘察工作的指南，以保证工程地质勘察的质量和精度。有关这方面的研究，是由专门工程地质学这一分支学科来进行的。

（4）区域工程地质的研究。不同地域由于自然地质条件不同，因而工程地质条件各异。认识并掌握广大地域工程地质条件的形成和分布规律，预测这些条件在人类工程经济活动影响下的变化规律，并按工程地质条件进行区划，做出工程地质区划图，这就是区域工程地质研究的内容。

（5）地质灾害研究与防治研究。在内、外动力地质作用下所产生的各种地质灾害，研究其发生机制、时空分布规律与生成关系，开展地质灾害风险评估，建立区域或重点地区地质灾害监测预警系统，制定科学、经济、合理的地质灾害防治规划与措施，制定减灾、防灾、灾后恢复与重建方案等。

（6）城市环境地质研究。由于城市建设速度快，人口增长迅速，人类活动集中，对城市环境的影响作用较强，常形成特殊的环境地质问题，如"三废"污染、水资源枯竭、地基沉陷、水资源开发引起的地面沉降和海水入侵等。因此，必须研究城市环境污染与破坏的原因、机制和防治措施，建立城市地质环境监测系统，开展城市地质环境质量综合评价和变化趋势预测，编制城市环境地质图系，提出城市环境地质问题的防治对策，为城市规划和建设提供依据。

（7）重大工程建设的环境地质研究。目前，人类大规模工程建设活动对地质环境的影响越来越显著。对人口聚集、经济建设活跃地区的环境影响更为严重。因此，必须研究人类各种工程活动（建筑工程、采矿工程、水利工程等）与地质环境的相互关系，重点研究人类工程活动对地质环境的反作用，以及由此而诱发的各种地质灾害，开展地质环境容量评价、地质灾害风险评价和移民工程地质环境质量损益评价等。

可见，工程地质与地质灾害是一门应用性很强的学科。它在工程建设中的地位十分重要，服务对象非常广泛，所研究的内容十分丰富。

1.3　工程地质与地质灾害的研究方法

工程地质与地质灾害的研究方法是与它的研究内容相适应的，主要有自然历史分析法、数学力学分析法、模型模拟试验法和工程地质类比法等。

1.3.1　自然历史分析法

自然历史分析法是传统地质学最基本的一种研究方法。工程地质与地质灾害所研究的对象——地质体和各种地质现象，是自然地质历史过程中形成的，而且随着所处条件的变化，还在不断地发展演化着。所以对动力地质作用或建筑场地进行工程地质研究时，首先就要做好基础地质工作，查明自然地质条件和各种地质现象，以及它们之间的关系，预测其发展演化的趋势。只有这样，才能真正查明研究地区的工程地质条件，并作为进一步研究工程地质问题的基础。

如对斜坡变形与破坏问题进行研究时，要从形态研究入手，确定斜坡变形与破坏的类型、规模及边界条件，分析斜坡变形、破坏的机制及各影响、控制因素，以展现其空间分布格局，进而分析其形成、发展演化过程和发育阶段。从空间分布和时间序列上揭示其内在的规律，预测其在人类工程经济活动下的变化，为深入进行斜坡稳定性工程地质评价奠定基础。如研究坝基抗滑稳定性问题时，首先必须查明坝基岩体的地层岩性特点、地质结构及地下水活动条件，尤其要注意研究软弱泥化夹层的存在和岩体中其他各种破裂结构面的分布及其组合关系，找出可能的滑移面和切割面以及它们与工程作用力的关系，研究滑移面的工程地质习性，以作为进一步研究坝基抗滑稳定的基础。

然而，仅有地质学的方法是不能完全满足工程地质评价的要求的，因为它终究属于定性研究的范畴。要深入研究某一工程地质问题时，还必须采用定量研究的方法。数学力学分析法、模型模拟试验法等即是定量研究的方法。

1.3.2 数学力学分析法

数学力学分析法是在自然历史分析法的基础上开展的。对某一工程地质问题或工程动力地质现象，根据所确定的边界条件和计算参数，运用理论公式或经验公式进行定量计算。例如在斜坡稳定性计算中通常采用的刚体极限平衡理论法，就是在假定斜坡岩土体为刚体的前提下，将各种作用力以滑动力和抗滑力的形式集中作用于可能的滑移破坏面上，求出该面上的稳定性系数，作为定量评价的依据。为了搞清边界条件和合理地选用各项计算参数，就需要进行工程地质勘探、试验，有时需要耗费巨大的资金和人力。所以除大型或重要的建（构）筑物外，一般建（构）筑物往往采用经验数据类比进行计算。

同时，由于自然地质条件比较复杂，在计算时常需要把条件适当简化，并将空间问题简化为平面问题来处理。一般过程为首先建立地质模型，其次将其抽象为力学、数学模型，最后代入各项计算参数进行计算分析。目前由于现代计算技术的发展，各种数学、力学计算模型愈来愈多地运用于工程地质领域中。

1.3.3 模型模拟试验法

模型模拟试验法在工程地质研究中常被采用，借助该法可以探索自然地质作用的规律，揭示工程动力地质作用或工程地质问题产生的力学机制、发展演化的全过程，以便作出正确的工程地质评价。有些自然规律或建筑物与地质环境相互作用的关系可以用简单的数学表达式来表示；而有些数学表达式则十分复杂而难解，甚至因不易发现其作用的规律而无法用数学表达式来表示，此时模型模拟试验就十分有效。模型模拟试验要有理论作指导，除了工程力学、岩体力学、土力学、水力学、地下水动力学等理论外，还必须遵循量纲原理和相似原理。

模型试验与模拟试验的区别在于试验所依据的基础规律是否与实际作用的基础规律一致，例如用渗流槽进行坝基渗漏试验，属于模型试验，因为试验所依据的是达西定律，与实际控制坝基渗漏的基础规律相同；若用电网络法进行这种试验，则属于模拟试验，因为试验是以电学中的欧姆定律为依据的。欧姆定律与达西定律形式上虽然相似，而本质则根本不同。

在工程地质中常见的模型试验有地表流水和地下水渗流作用，斜坡稳定性、地基稳定性、水工建筑物抗滑稳定性以及地下洞室围岩稳定性等试验。常用的模拟试验有光测弹性和光测塑性模拟试验，以及模拟地下水渗流的电网络模拟试验等。

1.3.4　工程地质类比法

工程地质类比法是另一种常用的工程地质研究方法，可用于定性评价，亦可作半定量评价。它是将已建建筑物工程地质问题的评价经验运用到自然地质条件大致相同或相似的拟建的同类建筑物中去。显然，这种方法的基础是相似性，即自然地质条件、建筑物的工作方式、所预测的工程地质问题都应大致相同或近似。它往往受研究者的经验所限制。由于自然地质条件等不可能完全相同，类比时又往往把条件加以简化，所以这种方法是较为粗略的，一般适用于小型工程或初步评价。如在斜坡稳定性评价中目前常用的"标准边坡数据法"即属此法。

上述研究方法各有特点，应互为补充，综合应用。其中自然历史分析法是最重要和最根本的研究方法，是其他研究方法的基础。工程地质与地质灾害还以物理学、普通化学、物理化学和胶体化学等基础学科作为自己的基础。此外，工程地质与地质灾害还与工程建筑学、环境学、生态学及其他应用技术学科有密切的联系。

1.4　本书主要内容

本书力图较全面地介绍工程地质学的基本理论和方法，重点介绍与工程建设有关的一些地质作用和现象，包括发育特征、形成机制、发生和发展演化规律、影响因素、分析评价和预测预报方法，以及防治措施等。另外，详细介绍了地质灾害的涵义与属性特征，对地质灾害的分类分级的基本概念和理论方法做了系统的论述；对地质灾害调查评价的目的、类型及主要内容、技术方法以及调查的评价结果进行了详细的叙述；对于崩塌、滑坡、泥石流的形成条件、分类、特征及地质灾害的防治措施做了详细的讲述。

通过本书的学习，学生可以掌握工程地质学的基本理论知识，以及地质灾害防治分析研究的思路和方法，以便在今后工作中能运用所学内容来解决实际问题。

2 造岩矿物与岩石（体）

矿物是地壳中由地质作用所形成的、具有一定化学成分和物理性质的单质或化合物。岩石则是地壳中由于地质作用形成的固态物质，是一种或多种矿物组成的天然集合体。

2.1 主要造岩矿物

组成地壳的岩石，都是在一定的地质条件下，由一种或几种矿物自然组合而成的矿物集合体。矿物的成分、性质及其在各种因素影响下的变化，都会对岩石的强度和稳定性产生影响。

自然界有各种各样的岩石，按其成因，可分为岩浆岩、变质岩和沉积岩三大类。由于岩石是矿物组成的，所以要认识岩石，分析岩石在各种自然条件下的变化，进而对岩石的工程地质性质进行评价，就必须先从矿物讲起。

2.1.1 矿物基本概念

地壳中的化学元素，除极少数呈单质形态存在外，绝大多数的元素都以化合物的形态存在于地壳中。这些存在于地壳中的具有一定化学成分和物理性质的自然元素和化合物，称之为矿物。其中构成岩石的矿物，称之为造岩矿物，如石英（SiO_2）、正长石（$KAlSi_3O_8$）、方解石（$CaCO_3$）等。

造岩矿物绝大多数是结晶质。结晶质的基本特点是组成矿物的元素质点（离子、原子或分子），在矿物内部按一定的规律排列，形成稳定的结晶格子构造（图 2.1），在生长过程中，如果不受空间限制，都能自发的长成具有规则几何外形的结晶多面体，这就是通常所说的矿物晶体。如食盐的正立方晶体，石英的六方双锥晶体，磁铁矿呈八面体等。矿物的外形特征和许多物理性质，都是矿物的化学成分和内部构造的反映。

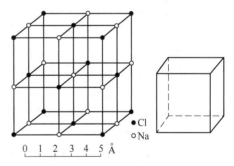

图 2.1 盐岩的内部构造和晶体

自然界的矿物，都是在一定的地质环境中形成的，同时，又经受着各种地质作用而不断地发生变化。每一种矿物只是在一定的物理和化学条件下才是相对稳定的，当外界条件改变到一定程度后，矿物原来的成分、内部构造和性质均会发生变化，形成新的次生矿物。

2.1.2 矿物的物理性质

矿物的物理性质，决定于矿物的化学成分和内部构造。由于不同矿物的化学成分或内部构造不同，因而反映出不同的物理性质。所以，矿物的物理性质，是鉴别矿物的重要依据。

矿物的物理性质是多种多样的。为便于用肉眼鉴别常见的造岩矿物，这里主要介绍矿物的颜色、光泽、硬度、解理和断口。

2.1.2.1　颜色

矿物的颜色，是矿物对可见光波的吸收作用产生的。按成色原因，有自色、他色、假色之分。

（1）自色。自色是矿物固有的颜色，颜色比较固定。对造岩矿物来说，由于成分复杂，颜色变化很大。一般来说含铁、锰多的矿物，如黑云母、普通角闪石、普通辉石等，颜色较深，多呈灰绿、褐绿、黑绿以至黑色；含硅、铝、钙等成分多的矿物，如石英、长石、方解石等，颜色较浅，多呈白、灰白、淡红、淡黄等各种浅色。

（2）他色。他色是矿物混入了某些杂质所引起的，与矿物的本身性质无关。他色不固定，随杂质的不同而异。如纯净的石英晶体是无色透明的，混入杂质就呈紫色、玫瑰色、烟色。由于他色不固定，对鉴定矿物没有很大意义。

（3）假色。假色是由于矿物内部的裂隙或表面的氧化薄膜对光的折射、散射引起的。如方解石解理面上常出现的虹彩；斑铜矿表面常出现斑驳的蓝色和紫色。

2.1.2.2　条痕色

矿物在白色无釉的瓷板上划擦时留下的粉末的颜色，称为条痕色或条痕。条痕可消除假色，减弱他色，常用于矿物鉴定。某些矿物的条痕色与矿物的颜色是不同的，如黄铁矿为浅铜黄色，而条痕是绿黑色。

2.1.2.3　光泽

矿物表面呈现的光亮程度，称为光泽。矿物的光泽是矿物表面的反射率的表现，按其强弱程度，分金属光泽、半金属光泽和非金属光泽。造岩矿物绝大部分属于非金属光泽。由于矿物表面的性质或矿物集合体的集合方式不同，又会反映出各种不同特征的光泽。

（1）玻璃光泽：反光如镜，如长石、方解石解理面上呈现的光泽。

（2）珍珠光泽：光线在解理面间发生多次折射和内反射，在解理面上所呈现的像珍珠一样的光泽，如云母等。

（3）丝绢光泽：纤维状或细鳞片状矿物，由于光的反射互相干扰，形成丝绢般的光泽，如纤维石膏和绢云母等。

（4）油脂光泽：矿物表面不平，致使光线散射，如石英断口上呈现的光泽。

（5）蜡状光泽：像石蜡表面呈现的光泽，如蛇纹石、滑石等致密块体矿物表面的光泽。

（6）土状光泽：矿物表面暗淡如土，如高岭石等松细粒块体矿物表面所呈现的光泽。

2.1.2.4　硬度

矿物抵抗外力刻划、研磨的能力，称为硬度。由于矿物的化学成分或内部构造不同，所以不同的矿物常具有不同的硬度。硬度是矿物的一个重要鉴定特征。在鉴别矿物的硬度时，是用两种矿物对刻的方法来确定矿物的相对硬度。摩氏硬度只反映矿物相对硬度的顺序，它并不是矿物绝对硬度的等级。

矿物硬度的确定，是根据两种矿物对刻时互相是否刻伤的情况而定。如将需要鉴定的矿物与标准硬度矿物中的磷灰石对刻，结果被磷灰石所刻伤而自己又能刻伤萤石，说明它的硬度大于萤石而小于磷灰石，在 4~5 之间，即可定为 4.5。

常见的造岩矿物的硬度，大部分在 2~6.5 左右，大于 6.5 的只有石英、橄榄石、石榴子石等少数几种。野外工作中，常用指甲（2~2.5）、铁刀刃（3~5.5）、玻璃（5~5.5）、钢刀刃（6~6.5）鉴别矿物的硬度。

矿物硬度对岩石的强度有明显影响。风化、裂隙、杂质等会影响矿物的硬度。所以在鉴别矿物的硬度时，要注意在矿物的新鲜晶面或解理面上进行。

2.1.2.5 解理、断口

矿物受打击后，能沿一定方向裂开成光滑平面的性质，称为解理。裂开的光滑平面称为解理面。不具方向性的不规则破裂面，称为断口。

不同的晶质矿物，由于其内部构造不同，在受力作用后开裂的难易程度、解理数目以及解理面的完全程度也有差别。根据解理出现方向的数目，有一个方向的解理，如云母等；有两个方向的解理，如长石等；有三个方向的解理，如方解石等。根据解理的完全程度，可将解理分为以下几种：

（1）极完全解理：极易裂开成薄片，解理面大而完整，平滑光亮，如云母。

（2）完全解理：常沿解理方向开裂成小块，解理面平整光亮，如方解石。

（3）中等解理：既有解理面，又有断口，如正长石。

（4）不完全解理：常出现断口，解理面很难出现，如磷灰石。

矿物解理的完全程度和断口是互相消长的，解理完全时则不显断口。反之，解理不完全或无解理时，则断口显著；如不具解理的石英，则只呈现贝壳状的断口。

解理是造岩矿物的另一个鉴定特征。矿物解理的发育程度，对岩石的力学强度产生影响。此外，如滑石的滑腻感，方解石遇盐酸起泡等，都可作为鉴别这种矿物的特征。

2.1.3 常见主要造岩矿物

矿物鉴定主要是运用矿物的形态以及矿物的物理性质等特征来鉴定的。一般可以先从形态着手，然后再进行光学性质、力学性质及其他性质的鉴别。

对矿物的物理性质进行测定时，应找矿物的新鲜面，这样试验结果才会正确。因风化面上的物理性质已改变了原来矿物的性质，不能反映真实情况。

在使用矿物硬度计鉴定矿物硬度时，可以先用小刀（其硬度在 5 度左右），如果矿物的硬度大于小刀，这时再用硬度大于小刀的标准硬度矿物来刻划被测定的矿物，以便能较快地进行。

在自然界中也有许多矿物，它们之间在形态、颜色、光泽等方面有相同之处，但其中一种矿物却具有它自己的特点，鉴别时应利用这个特点，即可较正确地鉴别矿物。常见主要造岩矿物包括黄铁矿、赤铁矿、石英、方解石、辉石、滑石及蒙脱石等。

2.2 岩石

岩石按其成因可分为岩浆岩、沉积岩和变质岩三大类。三大类岩石在地壳中的分布情况是不相同的，一般在地表部分，沉积岩分布最为广泛，约占四分之三，而距地表愈深，岩浆岩和变质岩分布愈多，沉积岩则愈深愈少。

2.2.1　岩浆岩

岩浆是在地下深处一定地质作用阶段中物质熔融的产物，含有大量挥发组分的硅酸盐熔融体，有时含有金属硫化物和氧化物。岩浆冷凝固化后形成的岩石称为岩浆岩。

岩浆并非到处都形成一个完整的岩浆层，仅是局部一定条件下的产物。地下各个部位的物质成分都是与其所处的那个部位的温压等热力学条件相适应，而保持着稳定平衡或准稳定平衡状态，一旦这种平衡条件稍微改变，如地壳内部温度的升变和深部物质密度的转变可以导致稳定平衡的破坏，而致该局部地段物质发生熔融，产生相应成分的岩浆，这种岩浆可以沿着地壳中薄弱地带上升，造成岩浆活动。当岩浆上升到某一部位（未达地表）侵入到围岩中，逐渐冷凝结晶则成为侵入岩；当岩浆上升到达地表时，则以火山的形式表现出来，从而形成喷出岩。侵入岩与喷出岩都是由岩浆直接形成的岩浆岩。岩浆岩的产状是指岩浆岩体的形态、大小与围岩的关系，以及它形成时期所处的构造环境及距离当时地表的深度等。岩浆岩的产状常见的有以下几种（图2.2）。

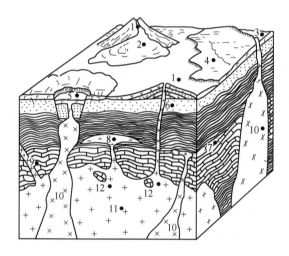

图 2.2　岩浆侵入体与喷出体示意图

1—火山锥；2—熔岩流；3—火山颈及岩墙；4—熔岩被；5—破火山口；6—火山颈；
7—岩床；8—岩盘；9—岩墙；10—岩株；11—岩基；12—捕掳体

（1）岩基。深成巨大的侵入岩体，一般出露面积大于$100km^2$。平面上多呈长圆形，长径从数十千米到数百千米。形状不规则，表面起伏不平。

（2）岩株。其是一种呈树干状向下延伸，规模较大的不整合侵入体。岩株面积小于$100km^2$，平面上往往近于圆形，与围岩接触面陡立，在其边部常有许多枝状岩体侵入围岩者称岩枝。岩株与下部岩基往往相连。

（3）岩盘。产于岩层间的底部平坦，顶部拱起，中央厚，边缘薄，在平面上呈圆形的侵入体，其形成深度一般较浅。岩盘直径一般是$3 \sim 6km$，其厚度可达$1km$。

（4）岩床。其是由岩浆沿层面流动铺开或岩浆沿着层面流动侵入，形成与地层相整合的板状岩体。岩床厚度一般较小、均匀，而面积较大。呈岩床产出的岩体以基性、超基性岩，镁铁质岩、超镁铁质岩为常见。

（5）岩脉。为充填在岩石裂隙中的板状岩体，横切岩层，与层理斜交，属于不整合侵入体的一种。岩脉的宽度一般为几十厘米至数十米，长度可由数十米至数千米，个别大的可达几十公里以上。

2.2.1.1　矿物成分

岩石是由矿物组成的。岩浆岩的矿物是岩浆化学成分在一定的物理、化学条件下有规律地结合而成。岩浆岩中长石含量最多，占整个岩浆成分的 60% 多，其次是石英，其他的矿物含量则较少。根据造岩矿物在岩石中的分布量将其分为主要矿物、次要矿物以及副矿物三类。

（1）主要矿物。其是岩石中比较多的矿物，一般含量都大于 10%，是划分岩石大类的依据。如花岗岩中的钾长石和石英就是花岗岩类的主要矿物，没有它们或含量很少，该岩浆岩就不能命名为花岗岩。

（2）次要矿物。其是岩石中含量不多的矿物，一般含量小于 10%，它们对划分岩石大类不起作用，但可以作为确定岩石种属的依据。如黑云母花岗岩中的黑云母，石英闪长岩中的石英，就是次要矿物。

（3）副矿物。其是岩石中含量很少的矿物，通常都不到 1%，偶尔可达 5%，其存在与否或数量多少对岩石大类或种属的命名一般不起作用，如锆石、磷灰石等。但是它们的存在，可以反映岩浆岩的含矿性和生成条件等方面的一些特性。

岩浆岩的种类很多，组成岩浆岩的矿物种类也各不相同。但最主要的矿物根据其颜色深浅可分为浅色矿物和暗色矿物两类。前者如石英、长石类，它们中 SiO_2、Al_2O_3 含量高，颜色浅，故又称为硅铝矿物；后者如橄榄石类、辉石类、角闪石类以及黑云母类，它们中的 FeO、MgO 含量高，硅铝含量少，颜色较深，故又叫铁镁矿物。常常根据 SiO_2 的含量将岩浆岩划分为四种类型，见表 2.1。

表 2.1　岩浆岩分类

岩类	SiO_2 含量	主要矿物成分	颜色	代表性岩石
酸性岩	>62%	石英、正长石、斜长石	浅 ↓ 深	花岗岩、流纹岩
中性岩	62%～52%	斜长石、角闪石		闪长岩、安山岩
基性岩	52%～45%	斜长石、辉石		辉长岩、玄武岩
超基性岩	<45%	橄榄石、辉石		橄榄岩

2.2.1.2　结构与构造

A　结构

岩浆岩的结构是指组成岩浆岩矿物的结晶程度、颗粒大小、自形程度及其相互间的关系。根据结晶程度，岩浆岩的结构分为三大类：

（1）全晶质结构。岩石全部由结晶矿物组成，如花岗岩、闪长岩等。

（2）半晶质结构。岩石由结晶物质和玻璃质两部分组成，如流纹岩等。

（3）玻璃质结构。岩石全部由玻璃质组成，如黑曜岩。

按岩石中同种矿物颗粒的大小又可分为：

（1）等粒结构。岩石中矿物全部为结晶质，粒状，同种矿物颗粒大小近于相等。等粒结构按结晶颗粒的绝对大小分为：

1）粗粒结构。矿物的结晶颗粒大于 5.0mm。

2）中粒结构。矿物的结晶颗粒为 5.0～2.0mm。

3）细粒结构。矿物的结晶颗粒为 2.0～0.2mm。

4）微粒结构。矿物的结晶颗粒小于 0.2mm。

（2）不等粒结构。岩石中同种矿物颗粒大小不等，但粒度大小连续。

（3）斑状结构。岩石中结晶颗粒大小悬殊，比较粗大的晶体散布在细小的物种之中。大的晶体称为斑晶，细小的结晶颗粒称为基质。

B　构造

岩浆构造是指岩石中不同矿物和其他组成部分的排列与充填方式所反映出来的岩石外貌特征。岩浆岩常见构造有：

（1）气孔构造。岩石上有孔洞或气孔，岩浆冷凝时气体来不及排除。

（2）杏仁构造。岩石上的气孔被外来的矿物部分或全部填充。

（3）流纹状构造。有拉长的条纹和拉长气孔，呈定向排列。

（4）块状构造。矿物无定向排列，而是均匀分布。

岩浆岩的结构与构造特征反映了其生成环境。

2.2.1.3　岩浆岩分类

自然界中岩浆岩是多种多样的，它们之间既存在着物质成分、结构、产状及成因等方面的差异，也存在着一系列的过渡关系，这说明它们之间有着密切的内在联系。目前常采用以矿物成分、化学成分、结构和产状等作为基础的分类法，见表2.2。

表 2.2　岩浆岩的分类

系　　列	钙　　碱　　性				碱　　性
岩　　类	超基性岩	基性岩	中性岩	酸性岩	碱性岩
SiO_2 含量	<45%	45%～52%	52%～66%	>66%	53%～66%
石英含量	无	无或很少	<5%	>20%	无
长石种类及含量	一般无长石	斜长石为主	斜长石为主	钾长石为主	钾长石>斜长石	钾长石为主含似长石
暗色矿物种类及含量	橄榄石辉石>90%	主要为辉石，可有角闪石、黑云母、橄榄石等<90%	以角闪石为主，黑云母、辉石次之15%～40%	以角闪石为主，黑云母、辉石次之15%～40%	以黑云母为主，角闪石次之10%～15%	主要为碱性辉石和碱性角闪石<40%
结构特征 产状 岩石名称 色率	>90	35～90	15～40	15～40	9～15	<40
深成岩 中粗粒结构或似斑状结构	橄榄岩辉岩	辉长岩	闪长岩	正长岩	花岗岩	霞石正长岩
浅成岩 细粒结构或斑状结构	苦橄玢岩金伯利岩	辉绿岩	闪长玢岩	正长斑岩	花岗斑岩	霞石正长斑岩
喷出岩 无斑隐晶质结构斑状结构玻璃质结构	苦橄岩科马提岩	玄武岩	安山岩	粗面岩	流纹岩	响　岩

2.2.1.4　常见岩浆岩

（1）花岗岩。肉红、浅灰、灰白等色。主要由石英、正长石和斜长石组成，次要矿物主要有黑云母、角闪石。石英含量大于20%。等粒结构，块状构造。

（2）闪长岩。浅灰、灰绿等色。主要矿物为角闪石斜长石，次要矿物为正长石和黑云母，很少或无石英。等粒结构，块状构造。

（3）流纹岩。浅灰、灰红等色。隐晶质斑状结构，斑晶为石英和透长石。流纹构造。

（4）玄武岩。黑、灰绿、灰黑色。主要矿物为基性斜长石、辉石，次要矿物为橄榄石等。具隐晶质，斑状结构，常呈气孔状或杏仁状构造。

2.2.2　沉积岩

沉积岩是在地表条件下，由母岩（岩浆岩、变质岩和早已形成的沉积岩）风化剥蚀的产物经搬运、沉积和压密、胶结作用而形成的岩石。

沉积岩是分布相当广的一类岩石，据统计，地表面积的70%以上都是沉积岩，按我国已进行过地质测量的面积计算，沉积岩占77.3%左右。但从地表往下沉积岩所占比例逐渐减小，就地壳质量而论，沉积岩只占地壳质量的5%。

沉积岩的形成大都经历了风化作用、搬运作用、沉积作用和成岩作用四个阶段，是一个长期而复杂的地质作用过程。而且每一阶段或多或少在沉积物或沉积岩上留下烙印，使之具备一定的特征。出露地表的各种岩石，经长期的日晒雨淋、风化破坏逐渐地松散分解，或成为岩石碎屑，或成为细粒黏土矿物，或成为其他溶解物质。这些风化产物，大部分被流水等运动介质搬运到河、湖、海洋等低洼的地方沉积下来，成为松散的堆积物。这些松散的堆积物经过压密、胶结、重结晶等作用，逐渐形成沉积岩。

2.2.2.1　物质组成

组成沉积岩的物质成分按其形成原因主要有三种类型：碎屑矿物、黏土矿物和化学成因的矿物。

（1）碎屑物质。原有岩石经风化、剥落、搬运而来的碎屑矿物，其中大多数是性质比较稳定的、难溶于水的原生矿物碎屑，如石英、长石、白云母等，一部分为岩石碎屑。此外，还有其他方式生成的一些物质，如火山喷发产生的火山灰等。

（2）黏土矿物。其主要是一些由含铝硅酸盐类矿物的岩石，经化学作用形成的次生矿物。如高岭石、水云母等。这类矿物的颗粒极细（小于0.005mm），具有很大的溶水性、可塑性及膨胀性。

（3）化学成因矿物。其主要是在沉积作用中，从溶液中沉淀结晶产生的新矿物。如方解石、白云母、石膏、燧石等。

（4）有机质及生物残骸。由生物残骸或有机化学变化而成的物质。如贝壳、泥岩及其他有机质等。

在沉积岩的物质组成中，黏土矿物、方解石、白云石、有机质等，是沉积岩所特有的物质成分，因此，它们的存在是区别于岩浆岩的一个重要特征。

沉积岩中的胶结物成分或是通过矿化水的运动带到冲积物中，或是来自原始冲积物矿物组分的溶解和再沉淀。碎屑岩类岩石物理学性质的好坏，与其胶结物有密切联系。常见的胶结物有以下几种：

（1）硅质胶结物。胶结成分为石英及其他二氧化硅。颜色浅，强度高。

（2）铁质胶结物。胶结物成分为铁的氧化物及氢氧化物。颜色深，呈红色，强度仅次于硅质胶结物。

（3）钙质胶结物。胶结成分为碳酸钙一类物质。颜色浅，强度比较低，具有可溶性。易湿软和风化。

2.2.2.2 结构与构造

A 结构

沉积岩的结构根据其组成物质、颗粒大小及形状等方面的特点，一般可分为碎屑结构、泥质结构、化学结构和生物结构四种类型。

（1）碎屑结构。由碎屑物质和胶结物质两部分组成。是沉积岩所特有的结构。碎屑颗粒大于0.005mm。按颗粒直径大小又可分为：

1）砾状结构。碎屑粒径大于2.0mm。

2）砂状结构。碎屑粒径为2.0～0.05mm。

3）粉状结构。碎屑粒径为0.05～0.005mm。

（2）泥质结构。多为黏土矿物，颗粒直径小于0.005mm。其是泥岩、页岩等黏土岩的主要结构。

（3）化学结构。其是由溶液中沉淀或经重结晶所形成的结构，是化学岩的主要结构。

（4）生物结构。由生物遗体或碎片组成，如贝壳结构等，是生物化学岩所具有的结构。

B 构造

沉积岩最显著的特点是具有层理构造和各种层面，其不仅反映了沉积岩的形成环境，也是沉积岩区别于岩浆岩和某些变质岩的特有构造。它是由先后沉积下来的颗粒大小、成分、颜色和形状不同而显示出来的成层现象，称为层理构造。层与层之间的接触面称为层面。每个单层的厚度各不相同，按厚度可分为块状（大于1.0m）、厚层（1.0～0.5m）、中厚层（0.5～0.1m）、薄层（小于0.1m）。层面是由较短的沉积间断所造成。上下两个层面间连续不断所形成的岩石称为岩层。层理按形态分有：平行层理、斜层理、交错层理等，如图2.3所示。

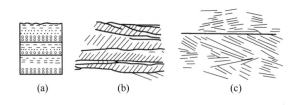

(a)   (b)   (c)

图2.3 层理按形态分类
(a) 水平层理；(b) 斜层理；(c) 交错层理

层面上有时还可保留反映沉积岩形成时的某些特征，如波痕、泥裂等。

（1）波痕。沉积过程中，沉积物由于受风力或水流的波痕作用，在沉积层面上遗留下来的波浪痕迹，见图2.4。

（2）泥裂。黏土沉积物失水收缩形成的多边形裂纹；一般是上大下小成楔形，被后期沉积物充填，可作为识别岩层层序的标志，见图2.5。

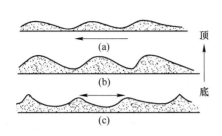
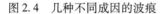

图2.4 几种不同成因的波痕

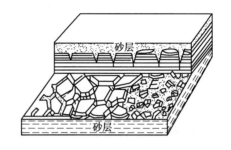

图2.5 泥裂形成示意图

沉积岩中还经常有古生物的遗体或遗迹，其是经硅化作用保存下来的（即化石），化石常沿层理面平行分布。根据化石可推断岩石形成的地理环境和确定岩层的地质年代。

2.2.2.3 沉积岩分类

根据沉积岩的成因、物质成分和结构特征，可将沉积岩分为三大类，见表2.3。

表2.3 沉积岩分类表

分类		特 征	岩石名称	物质来源
碎屑岩类	火山碎屑岩	火山碎屑结构	碎屑直径>100mm	集块岩	火山喷发碎屑产物
			碎屑直径2~100mm	火山角砾岩	
			碎屑直径<2mm	凝灰岩	
	沉积碎屑岩	沉积碎屑结构	砾状结构 粒径>2.0mm	砂岩	母岩机械破坏碎屑产物
			砂状结构 粒径>2.0mm	砂岩	
			粉砂状结构 粒径0.005~2.0mm	粉砂岩	
黏土岩		泥质结构 粒径<0.005mm		泥岩页岩	母岩化学分解过程中形成的次生矿物——黏土矿物
化学岩及生物化学岩		结晶结构或生物结构		石灰岩 白云岩 石膏岩 油页岩 煤	母岩化学分解溶液产物；生物活动产物

2.2.2.4 常见沉积岩

（1）角砾岩。砾状结构，由50%以上大于2mm的粗大碎屑颗粒经胶结而成。

（2）砂岩。砂质结构，由50%以上粒径介于2~0.05mm的砂粒胶结而成。

（3）页岩。是由黏土脱水胶结而成。以黏土矿物为主，具有明显的薄层理，呈叶片状。

（4）石灰岩。主要矿物成分为方解石，其次含有少量的白云石。结晶结构，但晶粒极细。常呈深灰、浅灰、白色等。遇稀盐酸强烈起泡。

（5）白云岩。主要矿物成分为白云石，其次含有少量的方解石。结晶结构，纯质白云岩为白色，随所含杂质不同，可出现不同的颜色。强度和稳定性较灰岩高。

2.2.3　变质岩

组成地壳的岩石都是在一定的地质作用下和条件下形成和存在的，它们又处于不停的运动、变化与发展之中。地壳中已经形成的岩石（岩浆岩、沉积岩、变质岩）由于其所处的地质环境的改变，在新的物理化学条件下，就会发生矿物成分和结构、构造等方面的改变与转变。这是原岩在新的物理、化学环境中为建立新的平衡以达到相对稳定的必然现象。由地球内力作用引起岩石改造和变化的作用，称为变质作用。由变质作用所形成的新的岩石称为变质岩。如大理岩是变质岩，它是由石灰岩变质而来的。各种岩石都可以形成变质岩，其在矿物成分、结构、构造上具有变质过程中所产生的特征，也常常残留着原岩的某些特点。引起变质作用的主要原因是高温和新的化学成分的加入。

2.2.3.1　矿物成分

变质岩中的矿物成分可分为两大类：一类是与岩浆岩、沉积岩相同的，如石英、长石、角闪石、辉石等，它们大多是原岩残留下来的，或者在变质作用中形成的；另一类则是在变质作用中产生的为变质岩所特有的矿物，如石墨、滑石、蛇纹石、石榴子石、红柱石、绿泥石、硅灰石等，称为变质矿物，它是区别岩浆岩和沉积岩的重要特征。

2.2.3.2　结构与构造

A　结构

（1）变余结构。变质岩中残留下来的原岩结构，说明原岩变质较轻，重结晶作用不完全。

（2）变晶结构。在变质过程中矿物重结晶所形成的结构，是变质岩最主要的结构，岩石均为全晶质，无隐晶质和玻璃质。

B　构造

原岩经变质作用以后，其矿物颗粒在排列方式上大多具有定向性，能沿矿物排列方向劈开。变质岩的构造是识别变质岩的重要标志。常见的变质岩构造有：

（1）板状构造。岩石中的矿物颗粒很细小，常出现较为平整的破裂面，在整齐而平直的面上偶有绢云母、绿泥石出现，光泽微弱，易沿片理面劈开成厚度一致的薄板，如板岩。

（2）千枚状构造。岩石中颗粒细小，难以用肉眼分辨，为隐晶质片状或柱状矿物并呈定向排列，沿这些定向排列的矿物可劈成薄片状，薄片上具有绢云母丝绢光泽。断面呈参差不齐之皱纹状。

（3）片状构造。其是变质岩中常见的构造，岩石由细粒到粗粒片状或柱状矿物排列而成，沿平行面（片理面）易劈成薄片，片理面较粗糙，光泽很强，如云母片岩。

（4）片麻状构造。岩石由结晶颗粒较粗大而颜色较浅的粒状矿物（浅色矿物，主要是长石、石英）和片状矿物或柱状矿物（深色矿物，如黑云母、角闪石）大致相间呈带状平行排列，形成不同颜色、不同宽窄的条带，沿平行面难劈开，劈开面不整齐，如片麻岩。

（5）块状构造。岩石中结晶的矿物无定向排列，也无定向裂开的性质，如石英岩、大理岩。

2.2.3.3 变质岩分类

根据变质岩的构造，可将变质岩分为四大类，见表 2.4。

表 2.4 变质岩的分类及主要特征

类别	岩石名称		主要矿物	颜色	其他特征
片状岩石类	片麻岩		长石、石英、云母	深色或浅色	片麻状构造，等粒变晶结构，矿物可以辨认
	片岩	云母片岩	云母、石英	白色、银灰及暗色	具有薄片理，强丝绢光泽
		绿泥石片岩	绿泥石	绿色	鳞片状或叶片状块体，质软易风化
		滑石片岩	滑石	淡绿、灰色	鳞片状块体，有高滑感，质软易风化
		角闪石片岩	角闪石、石英	暗灰	片理常不明显，角闪石有时可认出
	千枚岩		云母、石英	灰、淡红、绿色、黑色、灰色	薄片理构造，表面呈丝绢光泽，矿物难辨认，易风化
	板岩		石英及云母为主	灰黑	薄片状，粒极细，矿物难辨认，质脆，敲击有响声
块状岩石类	大理岩		方解石及少量白云岩	白色、灰色、常有花纹	变晶粒状结构，能见方解石晶体，滴稀盐酸气泡
	石英岩		石英	白色、灰色、黄色、红棕	致密的细粒块体，坚硬，性脆

2.2.3.4 常见变质岩

（1）片麻岩。具有典型的片麻状构造、变晶或变余结构，晶粒粗大。主要矿物为石英、长石，其次有云母、角闪石、辉石等，易风化。岩石强度随云母含量的增加而降低。

（2）片岩。具有片状构造、变晶结构。矿物成分主要是一些片状矿物，如云母、绿泥石、滑石等。强度低，抗风化能力差，极易风化剥落。

（3）千枚岩。矿物成分主要为石英、绢云母、绿泥石等，结晶程度比片岩差，晶粒极细，肉眼不能直接辨别，片理面常有微弱的丝绢光泽。强度低，抗风化能力差。

（4）板岩。主要成分为石英及云母矿物，颗粒极细，难辨认，质脆，敲击有响声，薄片状构造。

（5）大理岩。具有等粒变晶结构、块状构造。主要矿物成分为方解石，遇稀盐酸剧烈反应，产生大量气泡。

（6）石英岩。具有等粒变晶结构、块状构造。一般由较纯的石英砂岩变质而来。强度很高，抗风化能力很强。

岩浆岩、沉积岩和变质岩的地质特征如表2.5所示。

表2.5　岩浆岩、沉积岩和变质岩的地质特征

地质特征	岩　类		
	岩浆岩	沉积岩	变质岩
主要矿物成分	全部为从岩浆中析出的原生矿物，成分复杂，但较稳定。浅色的矿物有石英、长石、白云母等；深色的矿物有黑云母、角闪石、辉石、橄榄石等	次生矿物占主要地位，成分单一，一般多不固定。常见的有石英、长石、白云母、方解石、白云石、高岭石等	除具有变质前原来岩石的矿物，如石英、长石、云母、角闪石、辉石、方解石、白云石、高岭石等外，尚有经变质作用产生的矿物，如石榴子石、滑石、绿泥石、蛇纹石等
结构	以结晶粒状、斑状结构为特征	以碎屑、泥质及生物碎屑为特征。部分为成分单一的结晶结构，但肉眼不易分辨	以变晶结构等为特征
构造	具块状、流纹状、气孔状、杏仁状构造	具层理构造	多具片理构造
成因	直接由高温熔融的岩浆经岩浆作用形成的	主要由先成岩石的风化产物，经压密、胶结、重结晶等成岩作用而形成	由先成的岩浆岩、沉积岩和变质岩，经变质作用而形成

2.3　岩石与岩体的工程地质性质

2.3.1　岩石工程地质性质

2.3.1.1　岩石主要物理性质

岩石物理性质是岩石的基本工程地质性质，主要是重量和空隙性。

A　岩石重量

岩石重量是岩石最基本的物理性质之一，一般用比重和重度两个指标表示。

（1）比重。比重是指单位体积岩石固体部分的重力与同体积水（4℃）的重力之比值，即：

$$G_s = \frac{W_s}{V_s \cdot \gamma_w} \tag{2.1}$$

式中　W_s——体积为 V 的岩石固体部分的重力，kN；

　　　　V_s——岩石固体部分（不包括空隙）的体积，m^3；

　　　　γ_w——4℃时，单位体积水的重力，kN/m^3。

岩石密度取决于组成岩石的矿物密度及其在岩石中的相对含量。测定岩石密度，须将岩石研磨成粉末烘干后，再用密度瓶法测定。常见岩石比重为2.50~3.30。

（2）重度。岩石重度是指单位体积岩石的重力，即

$$\gamma = \frac{W}{V} \tag{2.2}$$

式中　W——岩石试件的重力，kN；

V——岩石试件的总体积（包括空隙体积），m^3。

根据岩石含水状况不同，可分为天然重度、干重度和饱和重度。岩石天然重度决定于组成岩石的矿物成分、空隙发育程度及含水情况。大多数岩石重度在 $23 \sim 31 kN/m^3$ 之间。

B 岩石空隙性

岩石空隙性是指岩石空隙体积与岩石总体积之比，以百分数表示。岩石中的空隙有的与外界连通，有的不相通。空隙开口也有大小之分。

岩石因形成条件及其后期经受变化的不同，空隙率变化很大，其变化区间可由小于百分之一到百分之十几。一般情况下，新鲜结晶岩类空隙率一般较低，很少大于3%；沉积岩空隙率较高，一般小于10%，但部分砾岩和充填胶结差的砂岩空隙率可达 10%～20%；风化程度加剧，岩石空隙率相应增加，可达30%左右。

2.3.1.2 岩石水理性质

岩石水理性质是指岩石与水相互作用时所表现出来的性质，通常包括岩石的吸水性、透水性、软化性和抗冻性等。

A 岩石吸水性

岩石在一定试验条件下的吸水性能称为岩石的吸水性。它取决于岩石空隙数量、大小、开闭程度和分布情况，一般用吸水率表示。吸水率是指岩石试件在一个大气压力下吸入水的重量与岩石干重量之比，以百分数表示。

岩石吸水率与岩石空隙率大小、空隙张开程度等因素有关。岩石的吸水率越大，则水对岩石颗粒间结合物的浸湿、软化作用越强，岩石强度及其稳定性受水作用的影响也就越显著。

B 岩石透水性

岩石能被水透过的性能称为岩石透水性。水只沿着连通的空隙渗透。岩石透水性大小可用渗透系数来衡量，它主要取决于岩石空隙的大小、数量、方向及其相互连通情况。

C 岩石软化性

岩石浸水后强度降低的性能称为岩石软化性。岩石软化性与岩石空隙性、矿物成分、胶结物质等有关。岩石软化性的指标用软化系数表达，其数值等于岩石在饱和状态下的极限抗压强度与干燥状态下极限抗压强度的比值，常用小数表示。

通常认为软化系数大于0.75时，岩石的软化性弱，即抗水、抗风化和抗冻性能强；软化系数小于0.75，则岩石的工程地质性质较差，软化性强，表明岩石在水作用下的强度和稳定性较差。

D 岩石抗冻性

岩石抵抗冻融破坏的性能称为岩石的抗冻性。岩石浸水后，当温度降到0℃以下时，其空隙中的水将冻结，体积增大约9%，产生较大的膨胀压力，使岩石的结构和连接发生改变，直至破坏。反复冻融后，将使岩石强度降低。可用强度损失率和重量损失率表示岩石的抗冻性能。

强度损失率是指当饱和岩石在一定负温度（一般为 $-25℃$）条件下，冻融 $10\sim25$ 次（视工程具体要求而定），冻融前后的抗压强度之差与冻融前抗压强度的比值，以百分数表示；重量损失率是指在上述条件下，冻融前后干试样重量之差与冻融前试样重量的比值，以百分数表示。

岩石强度损失率与重量损失率之大小，主要取决于岩石张开型空隙发育程度、亲水性和可溶性矿物含量，以及矿物粒间连结强度。一般认为，强度损失率小于 25% 或重量损失率小于 2% 的岩石为抗冻的。此外，吸水率小于 0.5%，软化系数大于 0.75，饱水系数大于 0.6~0.8，均为抗冻的岩石。

2.3.1.3　岩石力学性质

岩石的力学性质是指岩石在各种静力、动力作用下所表现的性质，主要包括变形和强度。

A　岩石变形

物体上任一点绝对或相对位移，或者线性尺寸的变化，称为该物体的变形。岩石在应力作用下首先发生变形，然后破坏。岩石变形模量和泊松比是表示岩石变形特性的两个基本指标，用来计算岩石变形，并作为基础设计的重要依据。

变形模量是岩石加荷的最大压（或拉）应力（σ）与其相应的应变（ε）之比。岩石的变形模量越大，变形越小，说明岩石抵抗变形的能力越高。

泊松比是指岩石在单向压应力（或拉应力）作用下所产生的横向膨胀应变与纵向压缩应变之比，用小数表示。泊松比越大，表示岩石受力作用后的横向变形越大。岩石泊松比一般在 0.2~0.4 之间。

B　岩石强度

荷载作用下岩石抵抗破坏的能力称为岩石强度。外荷作用于岩石，主要由组成岩石的矿物颗粒及其矿物颗粒之间的连结来承担。外荷过大并超过岩石能承担的能力时会造成破坏。岩石在外荷作用下遭到破坏时的强度，称为极限强度。按外荷的作用方式不同，岩石强度可分为抗压强度、抗剪强度和抗拉强度。

（1）抗压强度。岩石单向受压时，抵抗压碎破坏的最大轴向压应力，称为岩石的极限抗压强度，简称抗压强度。

抗压强度是反映岩石力学性质的主要指标之一。岩石的矿物成分、颗粒大小、胶结程度，特别是岩石层理、片理等，对岩石强度影响很大。岩石风化和裂隙，会使其抗压强度降低。常见岩石的极限抗压强度值，见表 2.6。

表 2.6　常见岩石的极限抗压强度

岩　石　名　称	极限抗压强度/MPa
胶结不良的砾岩，各种不坚固的页岩、硅藻岩、石膏等	<20
中等坚硬的泥灰岩、凝灰岩、浮岩，中等坚硬的页岩，软而有裂缝的石灰岩、贝壳石灰岩	20~40
钙质胶结的砾岩、裂隙发育的泥质砂岩、坚硬的页岩、泥灰岩	40~60
硬石膏、泥灰质石灰岩，云母及砂质页岩、泥质砂岩，角砾状花岗岩	60~80
微裂隙发育的花岗岩，片麻岩、正长岩、蛇纹岩，致密灰岩，带有沉积岩卵石的硅质胶结的砾岩、砂岩、砂质灰岩、页岩、菱铁矿、菱镁矿	80~100
白云岩、坚固石灰岩、大理岩、石灰质胶结的致密砂岩、坚固的硅质页岩	100~120

岩 石 名 称	极限抗压强度/MPa
粗粒花岗岩，非常坚固的白云岩、蛇纹岩，含有岩浆岩卵石的石灰质胶结的砾岩、硅质胶结的坚固砂岩，粗粒正长岩	120 ~ 140
微风化安山岩和玄武岩，片麻岩，非常坚固的石灰岩，含有岩浆岩卵石的硅质胶结的砾岩，粗面岩	140 ~ 160
中粒花岗岩，坚固的片麻岩、辉绿岩、玢岩，坚固的粗面岩、中粒辉长岩	160 ~ 180
非常坚固的细粒花岗岩、花岗片麻岩、闪长岩，最坚固的石灰岩，坚固的玢岩	180 ~ 200
安山岩、玄武岩，最坚固的辉绿岩、闪长岩，坚固的辉长岩和石英岩	200 ~ 250
钙钠斜长石的橄榄玄武岩（拉长石橄榄玄武岩），特别坚固的辉绿岩、辉长岩、石英岩及玢岩	>250

（2）抗剪强度。岩石抵抗剪切破坏的能力。在数值上等于岩石受剪破坏时的极限剪应力。在一定压应力下岩石剪断时，剪切面上的最大剪应力，称为抗剪断强度。因坚硬岩石有牢固的结晶联结或胶结联结，所以岩石的抗剪断强度都比较高。抗剪强度是沿岩石裂隙面或软弱面等发生剪切滑动时的指标，其强度大大低于抗剪断强度。

（3）抗拉强度。岩石在单向拉伸破坏（断裂）时的最大拉应力，称为抗拉强度。一般情况下，岩石的抗拉强度远小于其抗压强度，某些岩石抗拉强度与抗压强度间的经验关系见表2.7。总之，抗压强度是岩石力学性质中的一个重要指标。岩石的抗压强度最高，抗剪强度居中，抗拉强度最小。岩石越坚硬，其值相差越大，而软弱的岩石差别较小。岩石的抗剪强度和抗压强度，是评价岩石（岩体）稳定性的指标，是针对岩石（岩体）的稳定性进行定量分析的依据。由于岩石的抗拉强度很小，仅是抗压强度的2% ~ 16%，所以当岩层受到挤压形成褶皱时，常在弯曲变形较大的部位受拉破坏，产生张性裂隙。

表 2.7 某些岩石抗拉强度和抗压强度间的经验关系

岩 石 名 称	抗拉强度（S_t）与抗压强度（R_e）间关系
花岗岩	$S_t = 0.028 R_e$
石灰岩	$S_t = 0.059 R_e$
砂岩	$S_t = 0.029 R_e$
斑岩	$S_t = 0.033 R_e$

常见岩石的抗压、抗剪及抗拉强度见表2.8。

表 2.8 常见岩石的抗压、抗剪及抗拉强度 （MPa）

岩石名称	抗压强度	抗剪强度	抗拉强度
花岗岩	100 ~ 250	14 ~ 50	7 ~ 25
闪长岩	150 ~ 300		15 ~ 30
辉长岩	150 ~ 300		15 ~ 30
玄武岩	150 ~ 300	20 ~ 60	10 ~ 30
砂岩	20 ~ 170	8 ~ 40	4 ~ 25

岩石名称	抗压强度	抗剪强度	抗拉强度
页岩	5～100	3～30	2～10
石灰岩	30～250	10～50	5～25
白云岩	30～250		15～25
片麻岩	50～200		5～20
板岩	100～200	15～30	7～20
大理岩	100～250		7～20
石英岩	150～300	20～60	10～30

2.3.2　岩体工程地质性质

　　岩体中存在着各种类型的地质界面，称为结构面。不同方向的结构面将岩体切割成不同形态和大小的块体，称为结构体。岩体中不同形态规模、性质的结构面和结构体相互结合，构成岩体结构。岩体结构特征，很大程度上决定了岩体在力的作用下的变形和破坏机制，决定了岩体工程地质属性。

　　作为工业与民用建筑地基、道路与桥梁地基、地下洞室围岩、水工建筑地基的岩体，作为道路工程边坡、港口岸坡、桥梁岸坡、库岸边坡的岩体等，都属于工程岩体。在工程施工过程中和在工程使用与运输过程中，这些岩体自身的稳定性和承受工程建筑运转过程传来的荷载作用下的稳定性，直接关系着施工期间和运输期间部分工程甚至整个工程的安全与稳定，关系着工程的成功与失败，故岩体稳定性分析与评价是工程建设中十分重要的问题。

2.3.2.1　岩体结构

　　首先，岩体结构主要指由于硬结成岩作用而形成的岩石综合体。它在漫长的地质历史中形成，且在内外地质动力作用下变形、破裂并裸露于地表而进一步改变，形成极复杂的岩体结构。在工程荷载作用下，岩体变形、破坏的过程实际上主要是沿结构面剪切滑移或开裂以及岩体中各结构体沿着一系列结构面活动的累计变形或破坏。

　　A　结构面

　　a　结构面成因类型

　　不同结构面，具有不同的工程地质特征，这与其成因密切相关。按结构面成因，可将其划分为原生结构面、构造结构面和次生结构面三大类。

　　（1）原生结构面。原生结构面是在岩体形成过程中产生的，如岩浆岩的流动构造面、冷缩形成的原生裂隙面、侵入体与围岩的接触面；沉积岩体内的层理面、不整合面；变质岩体内的片理面、片麻构造面等。

　　（2）构造结构面。岩体中受地壳运动的作用所产生的一系列破裂面，称为构造结构面，如节理、断层、劈理以及由于层间错动引起的破碎面等。断层破碎带、层间错动破碎带均易软化、风化，其力学性质较差，属于构造软弱带。

　　（3）次生结构面。岩体受卸荷、风化、地下水等外力作用，形成次生结构面，如卸荷裂隙、风化裂隙等。风化作用使原有的结构面强度降低、透水性增加，使岩体工程地质条件恶化。

b　结构面特征

结构面的生成年代及活动情况、延展性及穿切性、形成及充填胶结情况、产状及组合关系、密集程度均对结构面的力学性质有很大影响。

（1）生成年代。主要对构造结构面而言。在地质历史时期内生成年代较老的结构面一般胶结、充填情况较好，对岩体力学性质的影响相对较小；而那些在晚近期仍在活动的结构面，如活断层，它直接关系到工程所在区域的稳定性。

（2）延展性及穿切性。它控制了岩体的强度和完整性，影响岩体的变形，控制工程岩体的破坏方式和滑动边界。一般地说，延展长、穿切好的结构面，对岩体稳定性影响较大。

（3）形态。结构面形态对其强度影响较大，常见的形态有平直、台阶状、锯齿状、波浪状、不规则形状等。平滑的与起伏粗糙的面相比，后者有较高的强度。

（4）充填胶结情况。不同的充填物质成分，其强度是不相同的。一般充填物为黏土时，强度要比充填物为砂质时的低；而充填物为砂质者，强度又比充填物为砾质者更低。

（5）产状及组合关系。它控制了工程岩体的稳定性及破坏机制，要结合工程作用力的方向来分析。

（6）密集程度。它直接控制了岩体的完整性和力学性质，也影响岩体的渗透性，对岩体力学性质影响很大。

c　软弱夹层

软弱夹层实质上就是具有一定厚度的岩体结构面，它是一种特殊的结构面。与岩体比，软弱夹层具有显著低的强度和显著高的压缩性，或一些特有的软弱性质。它可引起岩体滑移，在地基中可能产生明显压缩、沉降变形。

软弱夹层中最常见且危害性较大的是泥化夹层。泥化夹层是含泥质的原生软弱夹层经一系列的地质作用演化而成的。其力学强度极低，与松软土相似；压缩性较大，属中等—高压缩性；抗冲刷能力差，所以工程上要予以重视。

B　结构体

由不同产状的结构面组合，而将岩体分割成相对完整坚硬的单元块体称为岩体结构体。结构体的相对完整坚硬，是与其围限的结构面相比较而言的；结构体大小很不相同，也是相对的。结构体的形状极为复杂，千差万别，但根据其外形特征可大致归纳为五个基本形式，即锥形、楔形、菱形、方形及聚合形。如图2.6所示。

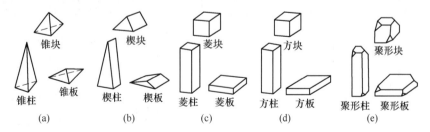

图 2.6　岩体结构体基本形式图
（a）锥形；（b）楔形；（c）菱形；（d）方形；（e）聚合形

不同形式的结构体对岩体稳定性的影响程度，由于它们的大小、形状、埋藏、位置等不同而有极大的差异。一般讲，它们稳定程度由大到小，大体可按下列次序排列：聚合形结构体＞方形结构体＞菱形结构体＞楔形结构体＞锥形结构体，同一形式的结构体，它们的稳定程度由大到小，一般可按下列顺序排列：块状＞板状＞柱状。

结构体形式不同，稳定性不同；结构体产状不同，在一定的工程范围内，其稳定程度也不同。

C　岩体结构类型

工程建设范围内由结构面围限起来的结构体的形式、大小、产状都是不同的，而且它们组合起来的外观表现也不同，其工程地质特征就各有差异。岩体结构类型主要取决于不同岩性及不同形式结构体的组合方式，根据结构面的性质与结构体形式以及充分考虑到岩石建造的组合，通常可把岩体结构划分为块状结构、镶嵌结构、碎裂结构、层状结构、层状碎裂结构、散体结构（表2.9）。它能够更充分地反映岩体的各向异性、不连续性及不均一性。

表2.9　岩体结构类型及其特征

结构类型	地质类型	结构体形式	结构面发育情况	工程地质评价
块状结构	厚层沉积岩、火成侵入岩、火山岩、变质岩	块状、柱状	节理为主	岩体在整体上强度较高，变形特征上接近于均质、弹性、各向同性体。作为坝基及地下工程，洞体具有良好的工程地质条件，对坝肩、边坡条件虽也属良好，但要注意不利于岩体稳定的平缓节理
镶嵌结构	火成侵入岩、非沉积变质岩	菱形、锥形	节理较发育，有小断层错动	岩体在整体上强度仍高，但不连续性较为显著。在坝基经局部处理后仍不失为良好地基；在边坡过陡时以崩塌形式出现，不易构成巨大滑坡体；在地下工程跨度不大时，塌方事故很少
碎裂结构	构造破碎较强烈岩体	碎块状	节理、断层及断层破碎带交叉，劈理发育	岩体完整性破坏较大，强度受断层及较弱结构面控制，并易受地下水作用影响，岩体稳定性较差。在坝基要求对规模较大的断层进行处理，一般可做固结灌浆；在边坡有时出现较大的塌方；在地下矿坑开采中易产生塌方、冒顶，要求支护紧跟，永久性地下工程要进行衬砌
层状结构	薄层沉积岩、沉积变质岩	板状、楔形	层理、片理、节理比较发育	岩体呈层状，接近均一的各向异性介质。作为坝基、坝肩、边坡及地下洞室的岩体稳定与岩层产状关系密切，一般陡立的较为稳定，而平缓的较差，倾向不同也有很大差异，要结合工程具体情况考虑，这类岩体在坝肩、坝基、边坡破坏事故出现很多
层状碎裂结构	较强烈褶皱及破碎的层状岩体	碎块状、片状	层理、片理、节理、断层、层间错动面发育	岩体完整性破坏较大，整体强度降低，软弱结构面发育，易受地下水不良作用，稳定性很差。不宜选作高混凝土坝、坝基、坝肩；边坡设计角较低，地下工程施工中常遇塌方，永久性工程要加厚衬砌
散体结构	断层破碎带、风化破碎带	鳞片状、碎屑状、颗粒状	断层破碎带、风化带及次生结构面发育	岩体强度遭到极大破坏，接近松散介质，稳定性最差。在坝基及人工边坡上要作清基处理，在地下工程进出口处也应进行适当处理

2.3.2.2 岩体工程地质性质

A 不同成因类型岩体的工程地质性质

a 岩浆岩工程地质性质

岩浆岩在我国分布较广，其中以花岗岩和玄武岩最为常见。岩石的矿物组成、结构和构造等多方面的差异，导致岩体工程地质特征也有很大不同。

深成岩多为巨大侵入体，其岩性较均一，变化较小，呈典型的块状岩体结构。深成岩颗粒均匀，多为粗—中粒结构，致密坚硬，孔隙很少，力学强度高，透水性较弱，抗水性强，其工程地质性质一般较好，常被选作大型建（构）筑物的地基。但深成岩易风化，且风化厚度一般较大；当深成岩受同期或后期构造影响，断裂破碎剧烈、构造结构面很发育的情况下，完整性和均一性被破坏，强度降低。

浅成岩多为岩床、岩墙、岩脉等小型侵入体，常呈镶嵌式结构，其均性较深成岩差。岩石多呈斑状结构和中—细粒均粒结构。细粒岩石强度比深成岩高，抗风化能力也较强；斑状结构的岩石则较差。与其他成因类型的岩体比较，浅成岩一般还较好，工程建设中可尽量加以利用。

喷出岩岩石颗粒很细，常为致密结构，并且多有气孔构造、杏仁构造以及流纹构造，原生节理较发育。喷出岩的岩体结构较复杂，岩性不均一，各向异性显著，连续性较差，透水性较强，力学强度低，亲水性较明显，软弱夹层和软弱结构面比较发育。

b 沉积岩工程地质性质

沉积岩普遍具有层理构造，岩性一般具有明显的各向异性。岩性不同，岩体结构也存在区别，工程地质性质差别较大。

（1）火山碎屑岩。大多数凝灰岩和凝灰质岩石结构疏松，极易风化，强度很低。

（2）胶结碎屑岩。其性质主要取决于胶结物成分、胶结形式、碎屑物颗粒成分。一般硅质胶结的岩石强度最高，抗水性强；钙质、石膏和泥质胶结的岩石，强度较低，抗水性弱，在水的作用下，可被溶解或软化，使岩石性质变坏；铁质胶结岩石一般坚硬且抗水，但铁质易氧化分解，使结构破坏。

（3）黏土岩。其工程地质性质一般均较差。特别是红色岩层中的泥岩，结构较疏松，厚度薄、强度低、抗水性差，易软化和泥化，但这类岩石的隔水性能好。

（4）化学－生物岩。以石灰岩和白云岩最为常见，它们一般致密坚硬，强度高。但常被溶解，成为渗漏和漏水通道，给工程带来极大的危害。泥灰岩，强度低，易软化。

c 变质岩工程地质性质

变质岩大多经过重结晶作用，具有一定结晶连结，结构紧密，空隙较小，透水性弱，抗水性强，强度较高。但变质岩的片理和片麻理往往使岩石的连结减弱，强度降低，且呈现各向异性。此外，变质岩一般年代较老，经受多次构造变动，断裂多，易风化，完整性差，常不均一。

接触变质岩强度一般比原岩高，在接触带附近透水性增加，抗风化能力降低。动力变质岩构造破碎，胶结不良，裂隙发育，强度较低，透水性强，常成为软弱结构面、软弱夹层或软弱岩体。区域变质岩分布范围较广、岩体厚度较大，变质程度较为均一。一般块状岩石性质较好，而层状、片状岩石性质较差。

　　　　B　风化岩体的工程地质性质

　　太阳辐射能、大气、水和生物活动等因素，对地壳表层岩体进行长期的物理、化学及生物作用，称风化作用。其结果主要是削弱、破坏岩石颗粒间的连结，形成、扩大岩体裂隙，降低断裂面的粗糙程度，产生次生黏土矿物等，从而降低了岩体的强度和稳定性。

　　风化作用对岩体的破坏，首先从地壳表面开始，逐渐向地壳内部深入。一般情况下，愈近地表的岩石，风化愈剧烈，向深处逐渐减弱，直至过渡到不受风化作用影响的新鲜岩石。这样，在地壳表部便形成了风化岩石的一个层带，一般称为风化壳，亦称风化层。根据风化作用的强烈程度，一般把风化层由浅到深垂向划分为四个带：全风化带、强风化带、中等风化带和微风化带，如表2.10所示。

表 2.10　岩体的风化程度分带及特征

分带名称	主　要　特　征				
	颜色光泽	破碎程度和岩体结构	矿物颗粒组成及次生、风化矿物的出现情况	物理力学性质	锤击声	开挖方法
全风化带	完全改变	组织结构破坏，仅外观尚保持原岩结构	除石英晶粒外，其余矿物大部风化	浸水崩解，用手可以捏碎，取完整岩样困难	哑声	镐、锹
强风化带	大部分变色，唯岩块的中心断口尚保持新鲜岩石特点	风化裂隙发育，岩体呈干砌块石状，沿节理面，特别是沿几组节理交汇处，风化尤剧	除石英晶粒外，其余矿物大部分风化，仅岩块中心部分尚较新鲜	物理力学性质显著减弱，力学强度极不均一	哑声	镐、风镐
中等风化带	表面或沿节理裂隙面大部分变色，断口仍保持新鲜岩石的特点	一般完好，具风化裂隙，沿节理隙面风化较剧	沿节理裂隙面出现次生的风化矿物	物理性质和湿抗压强度均明显减弱，一般仅及新鲜岩石的2/3~1/3	发声不够清脆	爆破为主
微风化带	沿节理面略有变色	组织结构未变，除构造节理外，一般风化裂隙不易察觉	矿物组织未变，仅沿节理面有时有泥质薄膜或铁锰质渲染	物理性质几乎不变，力学强度略有减弱	发声清脆	爆破

2.4　地质年代

　　地球形成以来，在漫长的岁月里经历了一系列的变化，这些变化在整个地球历史中可分为若干个发展阶段。地球发展的时间段落称为地质年代。地质年代有两种表示方法，即绝对地质年代和相对地质年代。

　　绝对地质年代是指组成地壳的岩层从形成到现在有多少"年"，可以通过岩石样品所含放射性元素测定，它能够说明岩层形成的确切时间，但不能反映岩层形成的地质过程。相对地质年代能说明岩层形成的先后顺序及其相对的新老关系，不包含用"年"表示的时间概念，但能反映岩层形成的自然阶段，从而说明地壳发展的历史过程。

2.4.1 相对地质年代的确定方法

2.4.1.1 地层层序法

沉积岩在形成过程中，先沉积的岩层在下面，后沉积的岩层在上面，形成自然的层序。根据这种上新下老的正常层位关系，就可以确定岩层的相对地质年代。在构造变动复杂的地区，由于岩层的正常层位发生了变化，通过层序来确定岩层的新老关系就不可取了。

2.4.1.2 岩性对比法

在一定区域内，同一时期形成的岩层，其岩性特点通常应是一致的或相似的。因此，可以根据岩石的组成、结构、构造等特点，作为岩层对比的基础。但该法具有一定的局限性，因为同一地质年代的不同地区，其沉积物的组成、性质并不一定都是相同的；而同一地区在不同的地质年代，也可能形成某些性质类似的岩层。

2.4.1.3 古生物化石法

生物的演化，总是由低级到高级，由简单到复杂。在地质年代的每个阶段中，都发育有适应于当时自然环境的特有生物群。因此，在不同地质年代沉积的岩层中，含有不同特征的古生物化石。含有相同化石的岩层，无论相距多远，都是在同一地质年代中形成的。所以，只要确定出岩层中所含标准化石的地质年代，那么这些岩层的地质年代也就确定了。

2.4.1.4 地层接触法

在许多沉积岩序列里，不是所有的原始沉积物都能保存下来。地壳上升可以形成侵蚀面，并产生沉积间断，然后地壳下降又被新的沉积物所覆盖，这种埋藏的侵蚀面称为不整合面。上下岩层之间具有埋藏侵蚀面的这种接触关系，称为不整合接触。不整合面以下的岩层先沉积，年代比较老；不整合接触面以上的岩层后沉积，年代比较新。

2.4.1.5 岩浆岩接触关系

根据岩浆岩体与周围已知地质年代的沉积岩的接触关系，来确定岩浆岩的相对地质年代。

（1）侵入接触。岩浆侵入体侵入岩层之中，使围岩发生变质现象。说明岩浆侵入体的形成年代，晚于发生变质的沉积岩层的地质年代（见图 2.7(a)）。

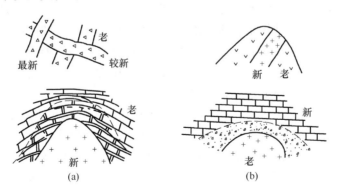

图 2.7　岩浆岩接触关系

（a）侵入接触；（b）沉积接触

（2）沉积接触。岩浆先形成后，经长期风化剥蚀，后来在侵蚀面上又有新的沉积。侵蚀面上部的沉积岩层无变质现象，而在沉积岩的底部往往有由岩浆组成的砾岩或岩浆岩风化剥蚀的痕迹。说明岩浆岩的形成年代，早于沉积岩的地质年代（见图 2.7(b)）。

2.4.2　地质年代

根据几次大的地壳运动和重大生物演变，把地质历史划分为五个"代"，每个代又分为若干个"纪"，纪内因生物发展及地质情况不同，又进一步划分为若干"世"和"期"，以及一些更细的段落，这些统称为地质年代单位。与地质年代单位对应的时间地层单位如下所示：

年代单位　　　　　　　　地层单位
代………………………………………界
纪………………………………………系
世………………………………………统
期………………………………………阶

地壳运动和生物演化，在代、纪、世期间，世界各地都有普遍性的显著变化。所以，代、纪、世是国际通用的地质年代单位，次一级的单位只是有区域性或地区性的意义。

地质年代表见表 2.11。

2.4.3　第四纪地质特征

地质年代中第四纪时期是距今最近的地质年代。在第四纪历史上发生了两大变化，即人类的出现和冰川作用。这反映了第四纪时所特有的自然地理环境、构造运动和火山活动等特点。而第四纪时期沉积的历史相对较短，一般又未经固结硬化成岩作用，因此在第四纪形成的各种沉积物通常是松散的、软弱的、多孔的，与岩石的性质有着显著的差异，有时就统称为土。

第四纪沉积物是坚硬岩石经长期地质作用后的产物，广泛分布于地球的陆地和海洋，它是由岩石碎屑、矿物颗粒组成，其间孔隙中充填着水和气体，因而构成为由固相、液相、气相组成的三相体系。

第四纪沉积物的形成是由地壳表层坚硬岩石在漫长的地质年代里，经过风化、剥蚀等外力作用，破碎成大小不等的岩石碎块或矿物颗粒，这些岩石碎块在斜坡重力作用、流水作用、风力吹扬作用、剥蚀作用、冰川作用以及其他外力作用下被搬运到适当的环境下沉积成各种类型的土体。由于土体在形成过程中，岩石碎屑物被搬运，沉积通常按颗粒大小、形状及矿物成分做有规律的变化，并在沉积过程中常因分选作用和胶结作用而使土体在成分、结构、构造和性质上表现有规律性的变化。

工程地质学中所说的土体，与通常所称的土壤不同。凡第四纪松散物质沉积成土后，再在一个相当长的稳定环境中经受生物化学及物理化学的或集作用所形成的土体，统称为土壤。而未经受成壤作用的松散物质受到外力的制位，侵蚀而再破碎搬运、沉积等地质作用，时代较老的土体受上覆沉积物的自重压力和地下水作用，经受压密固结作用，逐渐形成具有一定强度和稳定性的土体，其是人类工程活动的主要研究对象。当然土体形成后，又可在适当条件下被风化、剥蚀、搬运、沉积，如此周而复始，不断循环。

表 2.11 地质年代表

地质时代、地层单位及其代号				同位素年龄(百万年)		构造阶段		生物界演化阶段	
宙(宇)	代(界)	纪(系)	世(统)	时代间距	距今年龄	大阶段	阶段	动物	植物
显生宙 PH	新生代 Kz	第四纪 Q	全新世 Q_4 / 更新世 $Q_1Q_2Q_3$	给2—3	0.012 / 2.48(1.64)	联合古陆解体	喜马拉雅阶段(新阿尔卑斯阶段)	人类出现	被子植物繁盛
		晚第三纪N / 第三纪R	上新世 N_2	2.82	5.3			哺乳动物繁盛	
			中新世 N_1	18	23.3				
		早第三纪E	渐新世 E_3	13.2	36.5				
			始新世 E_2	16.5	53				
			古新世 E_1	12	65				
	中生代 Mz	白垩纪 K	晚白垩世K_2 / 早白垩世K_1	70	135(140)		燕山阶段(老阶段 阿尔卑斯)	爬行动物繁盛	裸子植物繁盛
		侏罗纪 J	晚侏罗世J_3 / 中侏罗世J_2 / 早侏罗世J_1	73	208				
		三叠纪 T	晚三叠世T_3 / 中三叠世T_2 / 早三叠世T_1	42	250		印支阶段		
	古生代 Pz	晚古生代 Pz_2	二叠纪 P：晚二叠世P_2 / 早二叠世P_1	40	290	联合古陆形成	海西—印支阶段 / 海西阶段	两栖动物繁盛	蕨类植物繁盛
			石炭纪 C：晚石炭世C_3 / 中石炭世C_2 / 早石炭世C_1	72	362(355)			鱼类繁盛	
			泥盆纪 D：晚泥盆世D_3 / 中泥盆世D_2 / 早泥盆世D_1	47	409				裸蕨植物繁盛
		早古生代 Pz_1	志留纪 S：晚志留世S_3 / 中志留世S_2 / 早志留世S_1	30	439		加里东阶段	海生无脊椎动物繁盛	藻类及菌类繁盛
			奥陶纪 O：晚奥陶世O_3 / 中奥陶世O_2 / 早奥陶世O_1	71	510				
			寒武纪 ∈：晚寒武世$∈_3$ / 中寒武世$∈_2$ / 早寒武世$∈_1$	60	570(600)			硬壳动物出现 / 裸露动物出现	
元古宙 PT	新元古代Pt₃	震旦纪 Z		230	800	地台形成	晋宁阶段		真核生物出现(绿藻)
		青白口"纪"		200	1 000				
	中元古代Pt₂	蓟县"纪"		400	1 400				
		长城"纪"		400	1 800		吕梁阶段		
	古元古代Pt₁			700	2 500				
太古宙 AR	新太古代Ar₂			500	2 800 / 3 000	陆核形成		原核生物出现	
	古太古代Ar₁			800	3 800			生命现象开始出现	
冥古宙 HD					4 600				

（注：动物栏右侧纵列"无脊椎动物继续演化发展"）

一般说来，处于相似的地质环境中形成的第四纪沉积物，具有很大一致性的工程地质特征。因此，对第四纪沉积物形成的地质作用、沉积环境、物质组成等地质成因研究是很有必要的。同时，根据地质成因类型不同，可将第四纪沉积物的土体分为残积土、坡积土、洪积土、冲积土、湖积土、海积土、风积土及冰积土等。

复习思考题

2-1　如何从矿物的形态、矿物的物理性质特征去鉴别和掌握常见的主要造岩矿物？

2-2　岩浆岩、变质岩和沉积岩的结构和构造是如何描述的？

2-3　岩层相对年代的确定方法有哪些？

2-4　地质年代是怎样划分的，地质年代表包括哪些内容？

2-5　简述岩石与岩体的区别。

2-6　叙述变质作用的类型。

2-7　简述沉积岩的构造类型及成因。

2-8　野外辨别三大岩类的方法有哪些？

2-9　简述岩体结构对工程地质性质的影响。

3 地质构造及其对工程的影响

地质构造是地壳运动的产物。承受地壳运动的岩层在地壳运动力的作用下，发生变形或变位的形迹，称为地质构造。无论其规模大小，它们在形成、发展和空间分布上，都存在着密切的内部联系。同时，在漫长的地质历史过程中，地壳经历了长期复杂的构造运动。在同一区域，往往会有不同的规模和不同类型的构造体系形成，它们互相干扰，互相穿插，使区域地质构造会显得十分复杂。但大型的、复杂的地质构造，总是由一些较小的、简单的基本构造形态按一定方式组合而成的。其基本类型有单斜构造、褶皱构造和断裂构造。

3.1 单斜构造

3.1.1 水平构造

原始沉积的岩层一般是水平的，在漫长的地质历史中，由于地壳运动、岩浆活动等的影响，岩层产出状况发生多样的变化。有的岩层虽然经过地壳运动使其位置发生了变化，但仍保持水平状态，这样的构造称为水平构造。绝对水平的岩层是没有的，因而所谓水平构造只是相对的，它是指受地壳运动影响较轻微的某些地区，或受强烈地壳运动影响的岩层的某一局部地段或大范围的均匀抬升或下降的地区。

水平构造中，较新的岩层总是在较老的岩层之上，当地形受切割时，老岩层总是出露在低洼地方，而较新的岩层总是出露在较高的位置。

3.1.2 单斜构造

原来呈水平产状的岩层，由于地质作用，岩层发生变动，当岩层层面与水平面有了一定的交角时，倾斜岩层就形成了。单斜构造是指在一定区域范围内，岩层向同一个方向倾斜，倾角基本一致的一套岩层，如图 3.1 所示。

倾斜岩层是层状岩石最常见的，也是最简单的构造形态，它往往是某种构造形态的一部分，如褶曲的一翼、断层的一盘，或者是由地壳不均匀抬起或下降所引起。

3.1.2.1 岩层的产状要素

岩层在空间的位置是用其产状表示的。岩层的产状是以岩层面的空间方位及其与水平面的关系来确定的，即用岩层的走向、倾向和倾角来表示，称为产状要素，如图 3.2 所示。

（1）走向。岩层面与水平面的交线叫走向线，走向线两端的延伸方向就是岩层的走向。岩层的走向表示岩层在空间水平方向上的延伸。

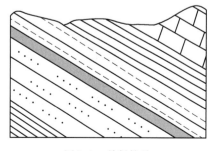

图 3.1 单斜构造

（2）倾向。垂直于走向线，沿岩层面倾斜向下所引的直线叫倾斜线，倾斜线在水平面上的投影线所指岩层向下倾斜的方向，就是岩层的倾向。

（3）倾角。倾斜线与其在水平面上的投影线的夹角，就是岩层的倾角。

若层面的产状要素用地质罗盘来测量，测量的结果用方位角表示。正北为 0°，正东为 90°，正南为 180°，正西为 270°。

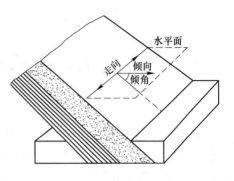

图 3.2　岩层产状要素

3.1.2.2　单斜构造对工程影响

在倾斜岩层地区修建公路时，岩层产状要素及其与公路工程建（构）筑物的相互位置，对公路工程建（构）筑物的稳定十分重要。图 3.3 表示岩层产状要素对路基（主要是路堑边坡及路基基底）稳定性的影响。图 3.3（a）表示岩层产状水平或线路方向与岩层走向垂直的情况；图 3.3（b）表示岩层直立的情况；图 3.3（c）表示路堑边坡倾向与岩层倾向相反的情况。以上三种情况对路基边 AB 的稳定性有利。图 3.3（d）表示路堑边坡与岩层倾向相同的情况。此时，当边坡（AB）倾角小于岩层倾角时，对边坡稳定有利；当边坡（AD）倾角大于岩层倾角时，则边坡不稳定。边坡 AC 的位置正好沿岩层面，当岩层缓倾时边坡较稳定，当岩层陡倾时则不利于边坡稳定。因此，设计边坡坡度应当尽可能比 AC 要缓一些。图 3.3（e）表示岩层倾角与天然山坡面倾角接近的情况，此时若采用边坡 AB 则不稳定；若采用边坡 AB′或倾角更缓的边坡，则工程量太大，实际上不可能。因此，在这种情况下，最好采用填方或不填不挖的方案通过。图 3.3（f）中岩层倾角小于天然山坡倾角，而且岩层面、天然山坡面与路堑边坡面均向同一方向倾斜时，不仅路堑边坡不稳定，路基基地也不稳定。图 3.3（g）表示岩层平缓，但软、硬岩石相间的情况。1 表示较硬的岩石，抗风化能力较强；2 表示较软弱的岩石，易于风化。由于 2 层岩石在边坡上出露之处首先风化破碎剥落，而使 1 层岩石中的 3 部分悬空以至于塌落，从而使整个边坡由 AB 位置后撤到 A′B′。

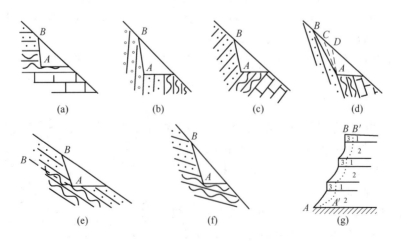

图 3.3　岩层产状要素对路基稳定性的影响

图 3.4 表示岩层产状要素对隧道的影响。图 3.4（a）表示水平岩层中的隧道，图 3.4（b）表示隧道方向与岩层走向垂直。以上两种情况对隧道均较有利。对于图 3.4（a）所示情况，隧道将在单一岩层中通过，此时，选择岩性较好的岩层是主要的。例如，在石灰岩和砂岩中通过较在页岩中通过好。对于图 3.4（b）所示情况，从隧道横断面上看，虽然与图 3.4（a）所示情况相似，但从隧道纵断面上看，隧道则要通过各种不同的岩层，在隧道设计与施工时都要考虑这种情况，特别是当隧道通过不同岩层分界面时要研究其稳定性。图 3.4（c）表示隧道方向与岩层走向平行的情况，这种情况对隧道稳定性不利，应尽量避免。此时若开挖隧道把岩层切断，会使隧道一侧岩层易于产生顺层坍塌；且有偏压问题产生（图中箭头所指方向为偏压方向），使衬砌受力不均，造成设计施工中的困难。图 3.4（d）表示隧道与一套倾斜岩层走向斜交通过，这是实际中遇到较多的一种情况。为了提高隧道的稳定性，总是力图使隧道方向与岩层走向的交角尽可能大一些，而使隧道横断面上岩层视倾角 β 尽可能小些。图 3.4（e）~（g）表示隧道置于两种不同岩层的交界面上的情况，通常这是不允许的，因为两种岩层岩性不同，对衬砌压力及作为隧道基底承载力都不相同，而且岩层分界面强度低，又易成为地下水汇集的场所或通道，这都给隧道的稳定性带来不利的影响。但是，在特殊情况下，也不能完全否定，例如图 3.4（h），为成渝线某隧道的横断面图，该地区为砂、页岩互层，坚实的厚层砂岩恰好位于隧道拱部以上，充分发挥了坚硬岩石的作用，施工中把衬砌厚度由原设计的 50cm 减少为 35cm。

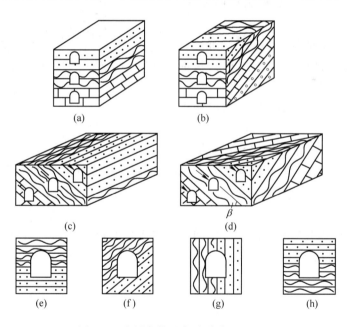

图 3.4 岩层产状要素对隧道工程影响

3.2 褶皱构造

地壳运动不仅引起岩层的升降和倾斜，而且还可以使岩层被挤成各式各样的弯曲。岩层被挤压形成的一个弯曲叫褶曲。自然界中孤立存在的单个弯曲很少，大多是一系列波状的弯曲从而保持岩层的连续完整性，这种一系列的波状叫褶皱构造。

　　褶曲的基本类型有两种：背斜和向斜。背斜是指岩层向上弯曲，核心部位的岩层较老，两侧岩层相对较新；向斜是向下弯曲且核心部位的岩层相对较新，两侧由相对较老的岩层组成，如图 3.5 所示。由于后期遭受风化剥蚀的破坏，造成向斜在地面上的出露特征是从中心到两侧，岩层从新到老呈对称重复出露；而背斜在地面上的出露特征却恰好相反，从核心到两侧，岩层由老到新呈对称重复出露。

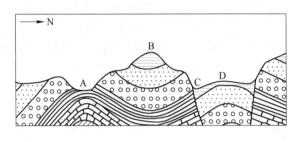

图 3.5　背斜及向斜剖面示意图

3.2.1　褶曲要素

　　每一个褶曲都有核部、翼、轴面、轴及枢纽等几个组成部分，一般称为褶曲要素。如图 3.6 所示。

　　（1）核部。指褶曲的中心部分。通常把位于褶曲中央最内部的一个岩层称为褶曲的核。

　　（2）翼。指褶曲核部两侧对称出露的岩层。

　　（3）轴面。指由褶曲顶平分两翼的面。

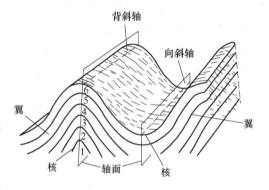

图 3.6　褶曲的基本要素
1~6—地层由老至新顺序

轴面是一个假想的面，实际上并不存在，它是为了标定褶曲方位及产状而划定的。

　　（4）轴。指轴面与水平面的交线。轴的方位，表示褶曲的方位；轴的长度，表示褶曲延伸的规模。

　　（5）枢纽。轴面与褶曲在同一岩层面上各最大弯曲点的连线叫枢纽。它反映褶曲在延伸方向上产状的变化情况。

3.2.2　褶曲分类

　　（1）根据轴面产状分类：

　　1）直立褶曲。轴面近于直立，两翼倾向相反，倾角近于相等（图 3.7（a））。

　　2）斜歪褶曲。轴面倾斜，两翼倾向相反，倾角不等（图 3.7（b））。

　　（2）根据枢纽产状分类：

　　1）水平褶曲。枢纽近于平行，两翼走向基本平行（图 3.8（a））。

　　2）倾伏褶曲。枢纽倾伏（倾伏角 10°~80°之间），两翼走向不平行（图 3.8（b））。

　　3）倾竖褶曲。枢纽近于直立（图 3.8（c））。

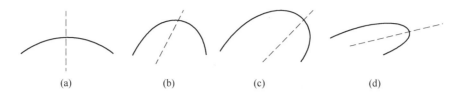

图 3.7　按轴面产状的褶曲分类

（a）直立褶曲；（b）斜歪褶曲；（c）倒转褶曲；（d）平卧褶曲

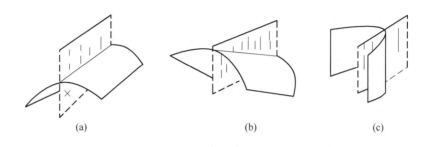

图 3.8　按枢纽产状的褶曲分类

（a）水平褶曲；（b）倒状褶曲；（c）倾竖褶曲

3.2.3　褶曲形成的基本类型

根据褶曲形态及其伴生构造所反映的褶曲形成过程，以及在形成过程中的物质运动规律和应变的分布情况，并结合模拟试验进行理论分析，可将褶曲形成机制分为纵弯褶曲作用、横弯褶曲作用、剪切褶曲作用及柔流褶曲作用。

3.2.3.1　纵弯褶曲作用

岩层受到顺层挤压力的作用而发生褶曲，称为纵弯褶曲作用。地壳水平运动是造成这种作用的地质条件。地壳中大多数褶曲是纵弯褶曲形成的。

图 3.9 为单层纵弯褶曲的应变分布。在结构均一的单层板状材料的侧面上画上几排小圆，平板发生纵弯曲变形后小圆的形态的变化反映了褶曲内部应变情况。从原来的小圆变为椭圆的分布说明弯曲层外凸的一侧受到平行于弯曲面的引张而拉伸，内凹一侧则受到挤压而压缩，二者之间的一排小圆表示了一个既无拉伸也无压缩（无应变）的中和面（图 3.10（a））。拉伸应变与压缩应变分别向中和面逐渐减小。随着弯曲加

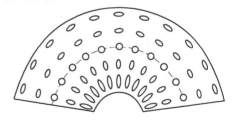

图 3.9　单层纵弯褶曲的应变分布

剧和曲率的增大，中和面的位置逐渐向核部迁移。

当单一岩层或彼此黏结很牢成为一个整体的一套岩层受到侧向挤压形成纵弯曲时，在不同部位可能产生一系列有规律分布的内部小构造。如岩层韧性较高，外凸侧会因拉伸而变薄，内凹侧则因压缩而变厚（图 3.10（b））；如为较脆性的岩层，在外凸侧常产生与层面正交、呈扇状排列的楔形张节理或小型正断层，而在内凹侧因压缩而产生逆断层（图 3.10（c））；或在一定条件下（如微层理发育），内凹侧可能发生小褶曲（图 3.10（d））。

当一套层状岩石受到顺层挤压时，层面在形成褶曲的过程中起着重要的作用，以致岩

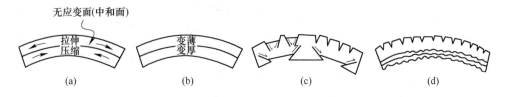

图 3.10　单层纵弯曲的应变状态及内部小构造

（a）纵弯曲的应变状态；（b）韧性层的变形；（c）脆性层的断裂变形；（d）上部断裂，下部褶皱

层常通过两种方式形成褶曲，一种是弯滑作用，另一种是弯流作用。

（1）弯滑作用。这种作用指一系列岩层通过层间滑动而弯曲成褶曲的作用。纵弯褶曲作用引起弯滑作用的主要特点是：

1）各单层有各自的中和面，而整个褶曲没有统一的中和面。各相邻褶曲面保持平行关系，各岩层的真厚度在褶曲的各部位基本一致，故纵弯曲引起的弯滑作用往往产生平行褶曲（图 3.11(a)）。

2）纵弯褶曲作用引起的层间滑动是有规律的，一般背斜中各相邻的上层相对向背斜转折端滑动，各相邻的下层则相对向相反方向，即向相邻向斜的转折端滑动（图 3.12）。由于层间滑动作用，一方面，坚硬岩层在翼部可能产生旋转剪节理、同心节理（图 3.12）及层间破碎带等，且在滑动面上留下与褶曲枢纽近直交的层面擦痕（图 3.13）；另一方面。由于两翼的相对滑动，往往在转折端形成空隙，造成虚脱现象，此时若有成矿物质填充则形成鞍状矿体（图 3.14）。

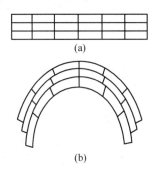

图 3.11　纵弯褶曲的
弯滑作用

（a）弯曲前；（b）弯曲后

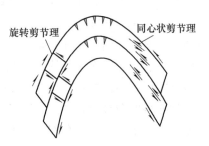

图 3.12　弯滑褶曲中的节理

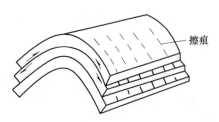

图 3.13　弯滑褶曲中发育的层面擦痕

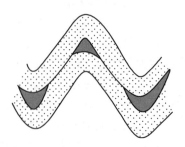

图 3.14　弯滑作用在转折端
形成的虚脱现象和鞍状矿体

3）当两个强硬岩层之间夹有层理发育的韧性岩层时，发生纵弯褶曲作用，则会在层间滑动的力偶作用下，使薄层韧性岩层发生层间小褶曲。位于小褶曲翼部的层间小褶曲多为不对称褶曲（图3.15），小褶曲的轴面与其上、下相邻的主褶曲面所夹锐角指示其相邻层的相对滑动方向。除平卧褶曲和翻卷褶曲外，可以根据上述层间滑动规律来判断岩层顶、底面，从而确定岩层层序是正常的或倒转的，以及背斜和向斜的位置（图3.16）。

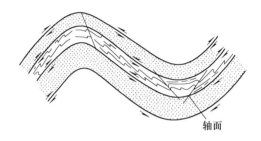

图3.15　弯滑作用形成的层间褶曲

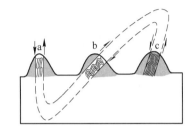

图3.16　利用纵弯褶皱中的层间小褶曲确定岩层产状正常或倒转，以及背斜、向斜位置

（2）弯流作用。纵弯褶曲作用指岩层弯曲变形时，不仅发生层间滑动，而且某些岩层的内部还出现物质流动现象。上、下层面对褶曲层内物质的流动起着控制作用。纵弯褶曲的弯流作用的主要变形特征是：

1）层内物质的流动方向，自受压的翼部流向转折端，岩层在转折端部位不同程度地增厚，翼部相对减薄，从而形成相似褶曲或顶厚褶曲。

2）当软弱层与硬岩层互层受到顺层挤压时，硬岩层难以发生流动，仍形成平行褶曲，而软岩层易于流动，充填了由于层间滑动形成的虚脱空隙，从而形成与硬岩层褶曲形态不同的顶厚褶曲（图3.17）。

3）当硬岩层中夹有一大套层理发育、相对易流动的韧性岩层时，物质的流动并不顺其微层理发生层间差异流动，而是在褶曲的翼部和转折端形成从属褶曲。这些从属褶曲显示了层内物质向转折端流动的特征（图3.18）。

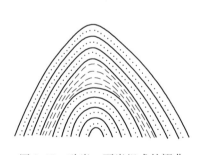

图3.17　砂岩、页岩组成的褶曲

图3.18　桂林甲山倒转褶曲及其中的灰岩形成倒转褶曲

4）在侧向挤压下软岩层发生强烈层内流动，可产生线理、劈理或片理（兼有变质作用）等小构造。如其间夹有脆性薄岩层，还可形成构造透镜体和无根褶曲等（图3.19）。

3.2.3.2　横弯褶曲作用

岩层受到和层面垂直的外力作用而发生褶曲，称为横弯褶曲作用。地壳差异升降运动，岩浆或岩盐的底辟作用以及同褶曲作用所形成的褶曲都属于横弯褶曲。与纵弯褶曲作用相比，这种褶曲作用是较为次要的。

横弯褶曲作用也会引起弯滑作用和弯流作用，但是，它们与纵弯褶曲作用有明显的不同，其特点如下：

（1）横弯褶曲的岩层整体处于拉伸状态，一般不存在中和面，其应力迹线如图 3.20 所示。

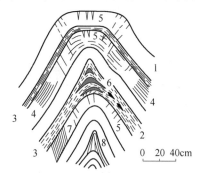

图 3.19 弯流褶皱的内部构造

1—厚层硅质灰岩；2—灰质板岩夹薄层硅质灰岩；

3—顺层流劈理；4—顺层剪裂面；5—张节理；

6—构造透镜体；7—翼部剪节理；8—反扇形流劈理

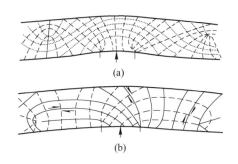

图 3.20 横弯褶曲中的应力迹线

（虚线代表 σ_1，点线代表 σ_2）

（a）主应力迹线；（b）剪切应力迹线

（2）横弯褶曲作用往往形成顶薄褶曲，尤其由于岩浆侵入或高韧性岩体上拱造成的穹隆更是如此。在这种情况下，顶部不仅因拉伸而变薄，而且还可能造成环形断裂，如为矿液充填，就会形成放射状或环状矿体。

（3）横弯褶曲作用引起的弯流作用使岩层物质从弯曲的顶部向翼部流动，易于形成顶薄褶曲。韧性岩层在翼部由于重力作用和层间差异流动可能会形成轴面向外倾倒的层间小褶曲，其轴面与主褶曲的上、下层面的锐夹角指示上层顺倾向滑动，下层逆倾向滑动（图 3.21）。

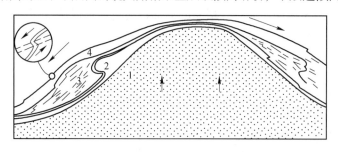

图 3.21 横弯作用引起的弯流作用

3.2.3.3 剪切褶曲作用

剪切褶曲作用又称滑褶曲作用，这种作用使岩层沿着一系列与层面不平行的密集劈理面发生差异滑动而形成"褶曲"。原始层面（S_0）在这种褶曲作用中已不起控制作用，只是作为反映滑动结果的标志，故这种褶曲作用又称为被动褶曲作用。

剪切褶曲作用的主要特点是：

（1）在横剖面上平行轴面（也是滑动面）方向所量得的褶曲不同部位的层的"厚度"都基本相等，故剪切褶曲作用形成的褶曲为典型的相似褶曲（图 3.22）。

（2）剪切褶曲作用所形成的褶曲并非岩层面真正发生了弯曲变形，而是岩层沿密集的劈理或片理发生差异滑动而显现出弯曲的外貌（图3.23）。

（3）垂直轴面方向岩层的长度，在褶曲前与褶曲后保持不变，如图3.22所示，$OL = O'L'$。

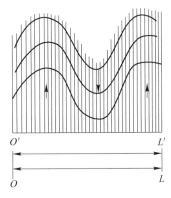

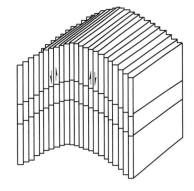

图 3.22　剪切褶曲作用形成的相似褶曲　　　　图 3.23　剪切褶曲作用模式图

（4）剪切褶曲作用形成的褶曲是岩层沿剪切面差异滑动的结果，所以在褶曲轴面两侧的相对剪切方向是相反的（图3.23）。

在变质岩中劈理和片理特别发育，因此剪切褶曲作用多发生在变质岩区。它往往使层理或前期的劈理、片理错动成锯齿形或其他形态的褶曲。

3.2.3.4　柔流褶曲作用

柔流褶曲作用是指高韧性岩石（如岩盐、石膏或煤层等）或岩石处于高温高压环境下变成高韧性体，受到外力的作用，而发生类似于黏稠流体的流动变形，从而形成复杂多变的褶曲。如盐丘构造的底辟核的膏盐层就是一种形态复杂的柔流褶曲。变质岩或混合岩化的岩体中有些长英质脉岩受力流变而成的肠状褶曲（图3.24），也是一种柔流褶曲。肠状褶曲在深变质岩中是很普遍的一种构造现象。这类肠状褶曲或者是早期侵位的岩脉在围岩发生变形和变质过程中发生流变而形成；或者是在强烈变形时期，贯入褶曲岩层中的脉岩，后来又与围岩一起变形而成。

应当指出的是，柔流褶曲作用与上述受层理控制的弯流褶曲作用常有互相过渡的现象。如有些煤层经受强烈的弯流褶曲作用时，煤层发生柔流，突破层面的限制，在局部地段形成肠状褶曲，造成煤层在一处变厚，在另一处变薄或尖灭的现象（图3.25）。在煤矿勘探、开采中应注意这个问题。

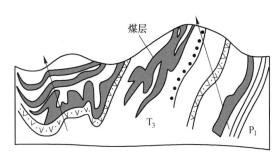

图 3.24　肠状褶曲　　　　　　　　　　图 3.25　萍乡青山矿5—6剖面

3.2.4　褶曲构造野外观察方法

一般情况下，容易认为"背斜成山，向斜成谷"。虽然这种情况是存在的，但实际情况要复杂得多。因为背斜遭受长期剥蚀，不但可以逐渐地被夷为平地，而且往往由于背斜轴部的岩层遭到构造作用的强烈破坏，在一定的外力条件下，甚至会发展成谷地，所以"向斜山"与"背斜谷"的情况在野外也是比较常见的。因此不能够完全以地形的起伏情况作为识别褶曲构造的主要标志。

在野外地质工作中，通常沿两条路线进行地面地质测绘：一条沿岩层走向；另一条垂直岩层走向。垂直走向测绘时发现，以褶曲轴部为中心，两侧岩层对称出现。若中心部分岩层最老，向两侧走，岩层越来越新，则为背斜；反之则为向斜。平行或沿着岩层走向测绘时，若岩层层面与轴线彼此平行，则为正常褶曲；若同一岩层沿轴向相交而封闭，则为倾伏褶曲。而且，沿封闭凸出所指方向前进，岩层越来越新则为倾伏背斜；岩层越来越老则为倾伏向斜。

3.2.5　褶曲构造的隧道位置选择

隧道通过褶曲构造时，通常尽量选择在翼部。因为轴部岩层弯曲大、裂隙多、岩层挤压破碎，水文地质条件也不利。隧道从褶曲翼部通过，可以把翼部看作倾斜岩层，参看前述之岩层产状要素对隧道的影响。如果由于条件限制，隧道必须从褶曲轴部通过（图 3.26），可以从三个方面来分析背斜和向斜轴部对隧道的利弊。

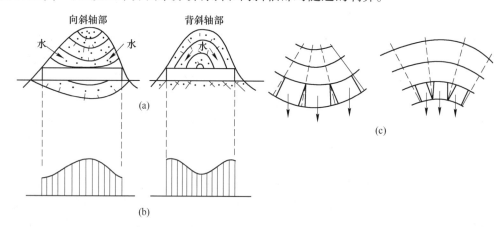

图 3.26　隧道通过褶曲轴部对比（虚线表示拱顶岩石中节理）

（a）地下水断层流动；（b）隧道所受力的纵向分布；（c）拱顶掉块、落石情况

（1）从地下水流动汇集来看，顺层流动的地下水，在向斜轴部汇聚，在背斜轴部则远离轴部流散，故背斜轴部较向斜轴部对隧道有利。

（2）从隧道所受周围岩层压力来看，隧道在向斜轴部通过，隧道中间受力最大，两端洞门附近受力最小。背斜轴部情况正好相反，隧道中间受力最小，两端洞门附近受力最大。一般说，隧道洞门是隧道的薄弱环节，希望受力较小。因此，就这个条件看，向斜轴部又比背斜轴部有利。

（3）从隧道施工中拱顶掉块、落石情况来看，背斜轴部节理由下向上成扇形放射分布，岩石被节理及层理切割成上大下小的楔形块体，岩块下落困难，对施工有利。而向斜轴部岩层则被切割成上小下大楔形岩块，易于掉块、落石，对施工不利。

以上所述是隧道与褶曲轴接近垂直通过的情况。而隧道平行褶曲轴，整个隧道都在轴部通过的情况是不允许的。

3.3　断裂构造

岩层受力后，其连续完整性遭到破坏而产生的破裂现象称为断裂构造。根据破裂面两侧岩层的相对位移情况，分为节理和断层两种类型。

3.3.1　节理

岩层受力后产生断裂，但断裂面两侧岩层没有沿断裂面发生明显的位移，则称为节理。节理发育程度分级见表3.1。根据节理的力学性质，可把节理分为剪节理和张节理两类。

表3.1　节理发育程度分级

发育程度等级	基　本　特　征	附　注
节理不发育	节理1～2组，规则，为构造型，间距在1m以上，多为密闭节理。岩体切割成巨型块体	对基础工程无影响，在不含水且无其他特殊因素时，对山体稳定性影响不大
节理较发育	节理2～3组，呈X型，较规则，以构造型为主，多数间距大于0.4m，多为密闭节理，部分为微张节理，少有充填物。岩体切割成大块状	对基础工程影响不大，对其他工程建（构）筑物可能产生相当影响
节理发育	节理3组以上，不规则，呈X型或米字型，以构造型或风化型为主，多数间距小于0.4m，大部分为张开节理，部分有充填物。岩体切割成小块状	对工程建（构）筑物可能产生很大影响
节理很发育	节理3组以上，杂乱，以风化和构造型为主，多数间距小于0.2m，以张开节理为主，一般均有充填物。岩体切割成碎石状	对工程建（构）筑物产生严重影响

3.3.1.1　剪节理

剪节理是由剪切面进一步发展而成。理论上剪节理应成对出现，自然界的实际情况也经常如此，但两组剪节理的发育程度可以不等。剪节理一般多是平直闭合的，发育较密，常密集成带；产状较稳定，延伸较远、较深，节理面光滑并常有擦痕。

3.3.1.2　张节理

张节理是由于在一个方向的张应力超过了岩石的抗拉强度而产生的破裂面。张节理面粗糙不平且无擦痕；产状不甚稳定，而且往往延伸不远即行消失；一般发育稀疏，节理间距大，呈开口状或楔形并常被岩脉充填。

3.3.1.3　节理对工程影响

岩体中的节理，在工程上除有利于开挖外，对岩体的强度和稳定性均有不利的影响。节理的存在，破坏了岩体的完整性，促进岩体风化速度，增强岩体的透水性，因而使岩体的强度降低。当节理主要发育方向与路线走向平行，倾向与边坡一致时，不论岩体产状如何，路堑边坡都容易发生崩塌等不稳定现象。在路基施工中，如果岩体存在节理，还会影响爆破作业的效果。

3.3.2　断层

岩石受力产生破裂，当破裂面两侧的岩层沿破裂面发生了明显的相对位移时，这种断裂构造称为断层。

3.3.2.1　断层要素

断层要素是指断层的基本组成部分以及与阐明断层空间位置和运动性质有关的具有几何意义的要素，如图3.27所示。

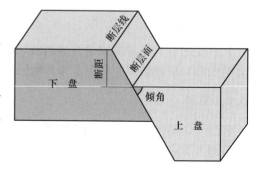

图3.27　断层要素示意图

（1）断层面。两侧岩块沿之滑动的破裂面就是断层面。断层面的空间位置由其产状要素来表示。它可以是平面、曲面或断层破碎带，通常断层规模愈大，形成的断层破碎带也愈宽。

（2）断层线。断层面与地面的交线称为断层线。

（3）断盘。断层面两侧相对移动的岩块称作断盘。当断层面倾斜时，位于其上的岩块称为上盘，其下的岩块称下盘；当断层面直立时，无上下盘之分。

（4）断距。岩层断裂后相对移动的距离称为断距。

3.3.2.2　断层的基本类型

根据断层两盘相对位移方向，把断层分为正断层、逆断层和平移断层，如图3.28所示。

（1）正断层。断层的上盘相对下降，下盘相对上升的断层（图3.28(a)）。

（2）逆断层。断层的上盘相对上升，下盘相对下降的断层（图3.28(b)）。

（3）平移断层。断层两盘沿断层走向（水平方向）相对移动的断层，也称为平推断层（图3.28(c)）。

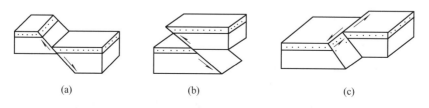

（a）　　　　　　　　　　　（b）　　　　　　　　　　　（c）

图3.28　断层基本类型
（a）正断层；（b）逆断层；（c）平移断层

3.3.2.3　断层存在标志

（1）构造线的突然中断。任何地质体或地质界限均在一定的地区内按其自身的产状和形态表现为沿一定方向的分布规律。但是，如果发生断层，则上述地质体或地质界限在平面上或剖面上会突然中断、错开，造成构造线不连续的现象。

（2）地层的重复与缺失。在层状岩石地区，地层出现重复或缺失，其与褶皱造成的地层重复不同，后者是对称式重复，而前者是单向重复；断层造成的地层缺失与沉积间断或假整合、不整合所造成的地层缺失也不相同，后者具有区域性特点，而断层造成的缺失仅局限在断层两侧。

（3）断层面（带）的构造特征。断层面上存在有擦痕、镜面；断层带存在构造岩，其两侧也常见伴生构造。

（4）地貌特征。断层崖、断层三角面、水系突然以折线改变方向、山脊错断，往往与断层有关。

（5）泉及地震震中沿一定方向呈带状分布的现象往往与断层有关。

3.3.2.4 断层工程地质评价

由于岩层发生强烈的断裂变动，致使岩体裂隙增多、岩石破碎、风化严重、地下水发育，从而降低了岩石的强度和稳定性，对工程建筑造成了种种不利的影响。因此，在工程建设中，要尽量避开大的断层破碎带。

在研究路线布局，尤其在安排河谷路线时，要特别注意河谷地貌与断层构造的关系。当路线与断层走向平行，路基靠近断层破碎带时，由于开挖路基，容易引起边坡发生大规模坍塌，直接影响施工和公路的正常使用。在进行大桥桥位勘测时，要注意查明桥基部分有无断层存在，及其影响程度如何，以便根据不同情况，在设计基础工程时采取相应的处理措施。

在断层发育地带修建隧道，是最不利的一种情况。由于岩层的整体性遭到破坏，加之地面水或地下水的侵入，其强度和稳定性都是很差的，容易产生洞顶坍落，影响施工安全。因此，当隧道轴线与断层走向平行时，应尽量避免与断层破碎带接触。隧道横穿断层时，虽然只有个别段落受断层影响，但因地质及水文地质条件不良，必须预先考虑措施，保证施工安全。特别当断层破碎带规模很大，或者穿越断层带时，会使施工十分困难，在确定隧道平面位置时，要尽量设法避开。

考虑到上述这些不良条件，线路工程通过断层地带时，一般应当遵守以下几条原则：

（1）在勘测设计阶段，必须认真进行野外的调查、测绘和勘探工作，及时查明断层的位置、性质、规模、活动性等。

（2）工程建（构）筑物的位置应尽量避开断层，特别是较大的断层。图3.29表示某桥墩基础正好设于断层上，断层面两侧岩石性质不同，可能使基础产生不均匀沉降，应当移动桥墩位置以避开断层。图3.30表示隧道通过断层地带时的位置选择，应当避开对隧道不利的位置a，而选择比较稳定的岩层中的位置b。

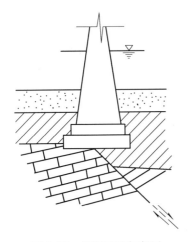

图3.29　桥墩基础与断层

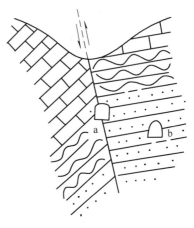

图3.30　断层附近隧道位置的选择

（3）当条件所限必须通过断层带时，应尽可能使线路方向与断层面走向垂直通过，不能做到垂直时，斜交的角度要尽量大些，以使工程建（构）筑物以最短距离跨过断层带。不允许线路平行断层在断层带中通过。

（4）斜交通过断层带比正交通过的条件要更差一些，必须做好相应的准备，预防断层对施工可能造成的危害。

3.4 不整合

在野外，我们有时可以发现形成年代不相连续的两套岩层重叠在一起的现象，这种构造行迹称为不整合。不整合不同于褶皱和断层，它是一种主要由地壳的升降运动产生的构造行迹。

3.4.1 整合与不整合

在地壳上升的隆起区域发生剥蚀，在地壳下降的凹陷区域产生沉积。当沉积区处于相对稳定阶段时，则沉积区连续不断地进行着堆积，这样，堆积物的沉积次序是衔接的，产状是彼此平行的，称之为整合接触。

在沉积过程中，如果地壳发生上升运动，沉积区隆起，则沉积作用即被剥蚀作用代替，发生沉积间断。其后若地壳又发生下降运动，则在剥蚀的基础上又接受新的沉积。由于沉积过程发生间断，所以岩层在形成年代上不连续，中间会缺失部分岩层，称之为不整合接触。

3.4.2 不整合的类型

3.4.2.1 平行不整合

在沉积过程中，地壳运动使沉积区上升，受到剥蚀，沉积作用间断，后来又下沉接受沉积，故其间缺失部分地层。因上、下两套地层相互平行，其间存在一个假整合面，所以这种接触关系称为假整合或平行不整合，如图 3.31 所示。

3.4.2.2 角度不整合

当下伏地层形成以后，由于受到地壳运动而产生褶皱、断裂、弯曲作用、岩浆侵入等造成地壳上升，遭受风化剥蚀。当地壳再次下沉接受沉积后，形成上覆的新时代地层。上覆新地层和下伏老地层产状完全不同，其间有明显的地层缺失和风化剥蚀现象。这种接触关系叫不整合接触或角度不整合，如图 3.32 所示。

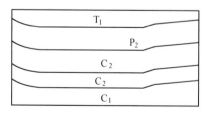

图 3.31 平行不整合

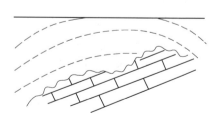

图 3.32 角度不整合

这种接触关系的特征是：上、下两套地层的产状不一致，以一定的角度相交；两套地层的时代不连续，两者之间有代表长期风化剥蚀与沉积间断的剥蚀面存在。

3.4.3 不整合工程地质评价

不整合接触中的不整合面，是下伏古地貌的剥蚀面，它常有比较大的起伏，同时风化层或底砾存在，层间结合差，地下水发育，当不整合面与斜坡倾向一致时，如路基开挖，经常会形成斜坡滑坡的边界条件，对工程建设不利。

复习思考题

3-1　裂隙的类型及特点是什么？

3-2　什么叫断层，其类型有哪些？

3-3　在野外断层识别中，有哪些标志性地貌特征？

3-4　什么叫整合接触和不整合接触，不整合接触有哪些类型？

3-5　简述单斜构造对工程建设的影响。

3-6　断层的组成要素有哪些？

土 的 工 程 地 质 性 质

土是指岩石风化后形成的碎散的、覆盖于地表的、由矿物颗粒和岩石碎屑组成的堆积体。由于土的形成年代和自然条件的不同，各种土的工程性质有很大差异。土不仅是地下水的埋藏场所，而且可作为工程的地基和围岩。所以，土的工程性质及其在天然和人为因素作用下的变化，将直接影响工程的规划、设计、施工及运营。

4.1 土的组成与结构、构造

在土的三相组成物质中，固相颗粒是土的必要组成部分，它在土中起着骨架作用。三相之间相互作用中，土粒一般居于主导地位，例如不同大小土粒与水相互作用，使水呈现不同类型等。土的工程性质主要取决于组成土的土粒的大小和矿物类型，即土的粒度成分和矿物成分。所以，土的类型划分，首先根据土粒成分进行。而土的结构特征，也是用土粒大小、形状、排列方式（即相互连接关系）反映出来的。

4.1.1 土的物质组成

4.1.1.1 土的粒度成分

颗粒的大小通常以粒径表示。工程上按粒径大小分组，成为粒组，即某一级粒径的变化范围。表 4.1 表示国内常用的粒组划分及各粒组的粒径范围。

表 4.1 土的粒组划分及粒径范围

粒组划分			粒径范围/mm
巨粒组	漂（块）石组		$d > 200$
	卵（碎）石组		$200 \geqslant d > 60$
粗粒组	砾粒组	粗砾粒组	$60 \geqslant d > 20$
		中砾粒组	$20 \geqslant d > 5$
		细砾粒组	$5 \geqslant d > 2$
	砂粒组	粗砂粒组	$2 \geqslant d > 0.5$
		中砂粒组	$0.5 \geqslant d > 0.25$
		细砂粒组	$0.25 \geqslant d > 0.075$
细粒组	粉粒组		$0.075 \geqslant d > 0.005$
	黏粒组		$d \leqslant 0.005$

实际上，土常是各种大小不同颗粒的混合物，如以砾石和砂粒为主的土称为粗粒土，也称为无黏性土。以粉粒和黏粒为主的土称为细粒土，一般为黏性土。

4.1.1.2 粒度成分对土工程性质影响

随着土的组成颗粒愈细小，土与水之间的作用愈强烈，以致对土的物理力学性质影响越大，其原因实质是：

（1）组成土的颗粒大小不同，土的比表面积不同，则土粒与水（或气）作用的表面能大小不同。因此，不同大小颗粒与水（或气）相互作用的程度，以致含水的种类、性质和数量不同。

（2）天然土中不同大小颗粒的组成矿物类型不同，直接影响土的工程特性。例如粗大颗粒主要由坚硬的、物理力学性质及化学性质比较稳定的原生矿物或岩石碎屑组成。故其组成的土的强度参数远大于细小颗粒的、主要由次生矿物组成的土，含水多少对粗颗粒土的工程性质影响不大。

4.1.1.3 粒度分析及其成果

A 粒度分析方法

自然界土一般由若干个粒组组成。各粒组在土中的相对含量不同，其工程地质性质也不同。测定土中各种颗粒及粒组百分含量的过程称为粒度分析。

目前，粒度分析的方法主要包括筛分法、比重计法、移液管法及虹吸比重瓶法等。一般情况下，粒径大于 0.075mm 的粒组用筛分法；小于 0.075mm 的粒组，则根据土粒在静水中的沉降速度不同来分离。

（1）筛分法是利用一套筛孔直径等于土中各个粒组粒径界限值的筛子，将粒径大于 0.075mm 的土粒按筛孔分成若干粒组，然后根据各节筛上的土重，计算出各粒组占土重的百分数。

（2）沉降分析法是根据土粒在静水中沉降速度不同分离土组的，其实质是根据密度相同的土粒在静水中自由下沉过程中，粒径大沉速大，粒径小沉速小的原理进行的。

（3）比重计法是根据不同时间所测的悬液密度，先核算出相应的沉降深度，然后再用公式或列线图计算土的粒径，并得出各粒组的百分含量。

B 累积曲线图

累积曲线图是以土粒粒径为横坐标，以粒组累积百分含量为纵坐标，在对数坐标中所得点的连线，如图 4.1 所示。

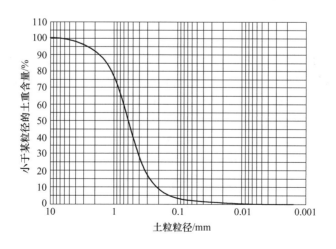

图 4.1 累积曲线示意图

累积曲线图的形态可以说明土的分选性。曲线平缓，说明分选差，"级配良好"；曲线陡，说明分选性好，"级配不好"。根据土的累积曲线，还可以确定土的有效粒径（d_{10}）、限制粒径（d_{60}）和平均粒径（d_{50}）。

（1）有效粒径（d_{10}）。是土最具有代表性的粒径，反映小于某粒径的土重含量为10%的土粒直径，对分析评定土的某些工程性质有一定意义。对非均粒土的有效粒径，大体等于该土透水性相同的均粒土的颗粒直径。

（2）限制粒径（d_{60}）。非均粒土小于某粒径的土重含量为60%的土粒粒径。

（3）平均粒径（d_{50}）。非均粒土累积含量为50%的土粒粒径。

（4）不均匀系数（C_u）。是土的限制粒径与有效粒径的比值：

$$C_u = \frac{d_{60}}{d_{10}} \tag{4.1}$$

C_u值越大，土越不均匀，累积曲线越平缓；反之，土越均匀，曲线越陡。工程上将$C_u < 5$的土，视作级配不良的均粒土，而$C_u > 5$的土，称为级配良好的非均粒土。

（5）曲率系数（C_c）。是累积含量30%粒径的平方与有效粒径和限制粒径乘积的比值：

$$C_c = \frac{d_{30} \times d_{30}}{d_{60} \times d_{10}} \tag{4.2}$$

工程上常用C_c值来说明累积曲线的弯曲情况。C_c值在 $1 \sim 3$ 之间的土级配较好。C_c值大于3或小于1的土，级配曲线都明显弯曲而呈阶梯状，粒度成分不连续，主要由大颗粒和小颗粒组成，缺少中间颗粒。

4.1.1.4　土的矿物成分

土是岩石风化的产物，土粒多由各种矿物颗粒或矿物集合体组成。土中除了土粒以外，还带有大量的矿物成分和有机质。

A　原生矿物

原生矿物是岩浆岩及某些变质岩经物理风化破碎而其成分没有发生变化的矿物，如石英、长石等。它们的特点是颗粒粗大，物理、化学性质一般比较稳定，所以它们对土的工程性质影响较小。

B　次生矿物

次生矿物包括可溶性的次生矿物（如方解石）、不溶性的次生矿物（如次生二氧化硅）及黏土矿物（如伊利石）三大类。它是构成黏粒的主要化学成分和矿物成分。

如图4.2所示，黏土矿物的晶格结构主要由硅氧四面体和铝氢氧八面体组成，它们各自联结排列成硅氧四面体层和铝氢氧八面体层的层状结构，不同的组合结果，形成不同性质的黏土矿物类别。

高岭石组黏土矿物较少，通常以高岭石为代表，高岭石由互相平行的晶胞组成，其每一晶胞由 Si—O 四面体层和 Al—O—OH 八面体层构成，具有很强的可塑性和耐火性。

伊利石组黏土矿物，最常见的是伊利水云母，

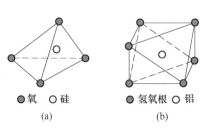

图4.2　黏土矿物晶格的两种
基本结构单元

（a）硅氧四面体；（b）铝氢氧八面体

其相邻晶胞间能吸收无定量水分子，其水稳定性、吸水性及吸水后的膨胀能力、可塑性、活动性和很多工程特性都在高岭石和蒙脱石之间。

蒙脱石组黏土矿物是化学风化早期的产物，其晶体是由很多相互平行的晶胞构成。其晶胞间联结不牢，有一定活动性。蒙脱石的吸水能力很强，吸水后体积膨胀率极高。

黏土矿物对黏性土的工程地质性质影响很大，其影响程度取决于黏土矿物类型及其在土中的含量多少。

C   有机质

有机质分为有机残余物和腐殖质两种类型。

有机残余物为处于半分解状态的植物及各种生命有机体的残骸，其中植物残余物较为常见。有机残余物在湿度大和空气难以透入的条件下可形成泥炭。

腐殖质的颗粒细小，在土中呈酸性，又称腐殖酸。富含腐殖质的土称为淤泥质土或淤泥，统称软土。工程实践中把有机质视为土的有害成分，对作为填料土中的有机质含量有一定限制。

4.1.2 土中水和气体

土中水和气体是土的基本组成部分。随着外界条件的变化，二者比例发生变化，使土的状态和性质也发生变化。

土中的水主要包括结合水和自由水，结合水又分为强结合水和弱结合水；自由水包括毛细水及重力水。

土中气体有不同的形式和状态，并对土的工程地质性质有一定影响。按土中气体的存在状态，可分为吸附性气体、自由气体、密闭气体和溶于水的气体。后两者对土的性质影响较大，其次为吸附气体。

吸附气体是指被干燥土粒表面所吸附的气体分子薄膜。气体分子被吸附的强度随离土粒表面距离增大而减小，同时也随着气体成分不同而异，一般情况下为 $CO_2 > N_2 > O_2 > H_2$。吸附气体对土的透水性有影响。自由气体是土较大空隙中的游离气体，不受土粒表面能的束缚，与大气自由相通，自由气体与吸附气体及大气均保持动平衡。当温度、压力及降雨等外界条件发生变化时，土中气体与大气相互交换，上述动平衡也随之变化。

4.1.3 土的结构与构造

4.1.3.1 土的结构

土的结构是指土粒的大小、形态、表面特征、相互排列和连结关系。它是土在形成过程中在很多因素作用下形成的，在一定程度上能反应土的生成环境和条件，并决定土的物理力学性质。

A   粗碎屑土和砂土的结构

粗碎屑土和砂土，颗粒粗大，比表面积很小，粒间基本无连结，经常是单一颗粒相互堆砌，形成散粒结构。

B   黏性土的结构

黏性土颗粒细小，比表面积大，连结力强，相互接触时常以若干细小的黏粒集合在一起，形成"团聚体"，很多团聚体堆积起来，就形成了黏性土特有的团聚结构。团聚结构又分为蜂窝状结构和絮状结构。

4.1.3.2 土的构造

土的构造是指组成土的各种不同大小颗粒按比例关系的排列或结构所确定的特征的总和。土的构造也是在其形成及变化过程中，与各种因素发生复杂的相互作用而形成的。所以每一种成因类型的土，大都有其特有的构造。常见的土的构造有块石构造、假斑状构造、层状构造、交错层状构造及薄叶状构造等。

4.2 土的物理力学性质及其指标

土是由固相矿物颗粒、液相水和气相气体组成的三相体。固相矿物颗粒是土的主要组成部分，土粒的矿物成分、颗粒形状、粒径大小及其组织结构，对土的物理性质有决定性的影响。在同一种固体颗粒组成的土体中，由于土体空隙中所含的水和气的量不同，土体质量或密度会有大有小，土中含水量会有多有少，土体的总质量或总体积与三相相应的比值千差万别，土的物理性质也会有不同。工程上常借用土的三相比例关系，作为判别某一种土的物理力学性质的依据。由此可知，研究土的三相比例关系，有很重要的实际意义。

4.2.1 土的三相组成比例关系

土是三相体系，要全面反映其性质与状态，就需要了解其三相间在体积和质量方面的比例关系，也就需要更多的指标。

4.2.1.1 土的三相草图

为了更形象地反映土中的三相组成及其比例关系，在土力学中常用三相草图来表示。它将一定量的土中的固体颗粒、水和气体分别集中，并将其质量和体积进行标注，如图 4.3 所示。

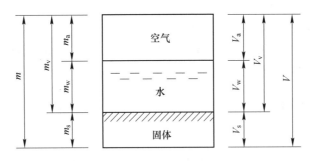

图 4.3 土的三相组成草图

V—土的总体积；V_v—土的孔隙部分总体积；V_s—土的固体颗粒部分总体积；V_w—土中水的体积；V_a—土中气体的体积；m—土的总质量；m_v—土中孔隙流体的总质量；m_s—土的固体颗粒总质量；m_w—土中水的质量；m_a—土中气体的质量

4.2.1.2 土三相关系基本试验指标

为了确定三相草图中的各个量值，通常做三个最易操作的基本物理性质试验，是土的密度试验、土粒比重试验和土的含水量试验。

A　土的密度

土的密度是指单位体积土的质量，即

$$\rho = \frac{m}{V} = \frac{m_s + m_w}{V_s + V_w + V_a} \tag{4.3}$$

工程中常用重度 γ 来表示类似的概念。土的重度的定义为单位体积土的重量。它与土的密度有如下关系：

$$\gamma = \rho g \tag{4.4}$$

式中　g——重力加速度，一般工程上取 $g = 10\text{m/s}^2$。

天然土的密度因土的矿物组成、孔隙体积和水的含量而异。

B　土粒相对密度

土粒相对密度是指土粒的质量与同体积纯蒸馏水在4℃时的质量之比，即

$$G_s = \frac{m_s}{V_s(\rho_w^{4℃})} = \frac{\rho_s}{\rho_w^{4℃}} \tag{4.5}$$

式中　ρ_s——土粒的密度，即单位体积土粒的质量；

$\rho_w^{4℃}$——4℃时纯蒸馏水的密度。

天然土颗粒是由不同的矿物组成，这些矿物的相对密度各不相同。一般细粒土的相对密度为 2.70 ~ 2.75；砂土的相对密度为 2.65 左右。土中有机质含量增加时，土的相对密度减小。

C　土的含水量

土的含水量，又称土的含水率，是指土中水的质量与土粒质量之比，以百分数表示，即

$$w = \frac{m_w \times 100\%}{m_s} = \frac{m - m_s}{m_s} \times 100\% \tag{4.6}$$

4.2.1.3　土的三相关系常用指标

测出土的密度 ρ，土粒的相对密度 G_s 和土的含水量 w 后，可以根据图4.3所示的三相草图，计算出三相组成各自在体积和质量上的含量。工程上为了便于表示土中三相含量的某些特征，定义如下几种指标。

（1）表示土中孔隙含量的指标。表示土中孔隙含量的指标包括孔隙比 e 和孔隙率 n。

1）孔隙比 e 指土体孔隙总体积与固体颗粒总体积之比，表示为：

$$e = \frac{V_v}{V_s} \tag{4.7}$$

2）孔隙率 n 指孔隙总体积与土体总体积之比，常用百分数表示为：

$$n = \frac{V_v}{V} \times 100\% \tag{4.8}$$

（2）表示土中含水程度的指标。除了含水量 w 以外，还可以用土的饱和度 S_r 表示土体孔隙中水的体积与孔隙总体积之比，即

$$S_r = \frac{V_w}{V_v} \tag{4.9}$$

（3）表示土的密度和重度的指标。除了密度 ρ 以外，还有饱和密度和干密度。

饱和密度是指土中孔隙充满水时土的密度，表示为：

$$\rho_{sat} = \frac{m_s + V_v\rho_w}{V} \tag{4.10}$$

干密度是指土被完全烘干时的密度，表示为：

$$\rho_d = \frac{m_s}{V} \tag{4.11}$$

相应的，可以用天然重度 γ、饱和重度 γ_{sat} 和干重度 γ_d 来表示土在不同含水状态下单位体积的重量。另外，静水下的土体受水的浮力作用，土的饱和重度减去水的重度，称为浮重度 γ'。

$$\gamma' = \gamma_{sat} - \gamma_w \tag{4.12}$$

土的三相比例指标换算关系见表4.2。

4.2.2 土的物理状态指标

对于粗粒土，物理指标是指土的松密程度；对于细粒土则是指土的软硬程度，或称为黏性土的稠度。

4.2.2.1 无黏性土密实度

无黏性土在荷载作用下能否稳定，主要看土粒接触面上的支承力和摩擦力是否足以克服土体自重和外力的作用。相对密实度在数值上等于同一土样的最大孔隙比与天然孔隙比之差和最大孔隙比与最小孔隙比之差的比值，用 D_r 表示，即

$$D_r = \frac{e_{max} - e}{e_{max} - e_{min}} \tag{4.13}$$

相对密实度可用来判断天然砂性土的密实状态及其是否有压密的可能性。一般的天然土，相对密实度在 0~1 之间，如选做地基，应进行一定的处理，使其相对密实度符合设计要求。

土的相对密实度常用标准贯入试验进行标定，一般用质量为 63.5kg 的重锤，悬高 76cm 自由落下，使之锤击内径 35mm、外径 51mm、长 500mm 的标准贯入器，向砂土层中贯入 15cm，开始计数，记录继续贯入 30cm 深所需的锤击次数，并以锤击数 N 评价所测试砂土层的天然密实程度。其评价指标见表4.3。

细粒土无法在试验室测定 e_{max} 和 e_{min}，但可以根据孔隙比 e 或干密度 ρ_d 判断其密实度。

4.2.2.2 黏性土稠度

A 黏性土的稠度状态

黏性土最主要的物理状态特征是它的稠度。稠度是指土的软硬程度或土对外力引起变形或破坏的抵抗能力。黏性土中含水量很低时，水都被颗粒表面的电荷紧紧吸附于颗粒表面，形成强结合水。强结合水的性质接近固态，因此，当土粒之间仅存在强结合水时，土表现为固态或半固态。

当含水量增加，被吸附在颗粒周围的水膜加厚，土颗粒周围开始出现弱结合水，弱结合水呈黏滞状态，不会由于水的自重而流动，但受力会发生形变。在这种状态下，土体受

表 4.2　三相比例指标换算关系

指标	孔隙比 e	孔隙率 n	干密度 ρ_d	饱和密度 ρ_{sat}	浮重度 γ'	饱和度 S_r
孔隙比 e	$e = V_v / V_s$	$e = \dfrac{n}{1-n}$	$e = \dfrac{\rho_s}{\rho_d} - 1$	$e = \dfrac{\rho_s - \rho_{sat}}{\rho_{sat} - \rho_w}$	$e = \dfrac{\gamma_s - \gamma_{sat}}{\gamma'}$	$e = \dfrac{wG_s}{S_r}$
孔隙率 n	$n = \dfrac{e}{1+e}$	$n = \dfrac{V_v}{V}$	$n = 1 - \dfrac{\rho_d}{\rho_s}$	$n = \dfrac{\rho_s - \rho_{sat}}{\rho_s - \rho_w}$	$n = \dfrac{(G_s - 1)\gamma_w - \gamma'}{(G_s - 1)\gamma_w}$	$n = \dfrac{wG_s}{S_r + wG_s}$
干密度 ρ_d	$\rho_d = \dfrac{G_s \rho_w}{1+e}$	$\rho_d = \dfrac{nS_r}{w}\rho_w$	$\rho_d = \dfrac{m_s}{V}$	$\rho_d = \dfrac{\rho_{sat} G_s}{G_s + e}$	$\rho_d = \dfrac{G_s(\gamma'/g + \rho_w)}{G_s + e}$	$\rho_d = \dfrac{S_r \rho_s}{wG_s + S_r}$
饱和密度 ρ_{sat}	$\rho_{sat} = \dfrac{G_s + e}{1 + e}\rho_w$	$\rho_{sat} = G_s \rho_w (1 - n) + n\rho_w$	$\rho_{sat} = (1 + e/G_s)\rho_d$	$\rho_{sat} = \dfrac{m_s + V_v \rho_w}{V}$	$\rho_{sat} = (\gamma' + \gamma_w)/g$	$\rho_{sat} = \dfrac{S_r G_s + wG_s}{S_r + wG_s}\rho_w$
浮重度 γ'	$\gamma' = \dfrac{G_s - 1}{1 + e}\gamma_w$	$\gamma' = (G_s - 1)(1 - n)\gamma_w$	$\gamma' = [(1 + e/G_s)\rho_d - \rho_w]g$	$\gamma' = \rho_{sat} g - \gamma_w$	$\gamma' = \gamma_{sat} - \gamma_w$	$\gamma' = \dfrac{S_r(\rho_s g - \gamma_{sat})}{wG_s}$
饱和度 S_r	$S_r = \dfrac{wG_s}{e}$	$S_r = \dfrac{wG_s(1 - n)}{n}$	$S_r = \dfrac{w\rho_d}{n\rho_w}$	$S_r = \dfrac{wG_s \gamma'/g}{\gamma_s - \gamma_{sat}}$	$S_r = \dfrac{wG_s \gamma'}{\rho_s g - \gamma_{sat}}$	$S_r = \dfrac{V_w}{V_v}$

表 4.3   标准贯入试验评价指标

标准贯入试验锤击数 N	密实度
$N \leqslant 10$	松散
$10 < N \leqslant 15$	稍密
$15 < N \leqslant 30$	中密
$N > 30$	密实

外力发生变形，外力撤去后保持改变后的形状，这种状态称为塑态。土的这种性质称为塑性，弱结合水是土具有可塑性的原因。土处在可塑状态的含水量变化范围，大体上相当于土粒所能吸附的弱结合水的含量。

当含水量进一步增加，土中开始出现自由水，此时土粒之间被自由水隔开，土体不能承受剪应力，而呈流动状态。

B   稠度界限

黏性土从某种状态进入另一种状态的界限含水量称为稠度界限。稠度界限有液性界限 w_L、塑性界限 w_p 和缩限 w_s。

液性界限（w_L）即液限含水量，相当于土从塑性状态转变为液性状态时的含水量。这时，土中有一定的自由水。

塑性界限（w_p）即塑限含水量，相当于土从半固态转变为塑性状态时的含水量。这时，土中水是强结合水。

缩限（w_s）相当于土从固态转变为半固态时的含水量，是在湿土干燥过程中，土的体积不再收缩时的含水量。

C   塑性指数和液性指数

塑性指数表示为 I_p，等于液限与塑限之差，即：

$$I_p = w_L - w_p \tag{4.14}$$

而 I_L 被定义为：

$$I_L = \frac{w - w_p}{w_L - w_p} \tag{4.15}$$

当较干的土的含水量增加，$I_L = 0$ 时，$w = w_p$，土从半固态进入可塑状态；当 $I_L = 1$ 时，$w = w_L$，土从可塑状态进入液态。因此，可以根据 I_L 值判断土的软硬程度。

4.2.3   土力学性质

建（构）筑物的建造使地基土中原有的应力状态发生改变，从而引起地基变形，出现基础沉降；当建（构）筑物荷载过大，地基会发生大的塑性变形，甚至地基失稳。这就是土的力学性质，它主要包括土的变形和强度特征。

4.2.3.1   土压缩性

A   基本概念

土在压力作用下体积缩小的特性称为土的压缩性。一般将土的压缩看成土中孔隙体积的减小。此时，土粒调整位置，重新排列，相互挤紧。饱和土压缩时，空隙水将会排出。

B 室内压缩试验及指标

室内压缩试验是用金属环刀切取保持天然结构的原状土样,并置于圆柱形压缩容器(图4.4)内,土样上下各垫一块透水石,土样受压后土中水可以自由排出。由于金属环刀和刚性护环的限制,土样在压力作用下只可能发生竖向压缩,而无侧向变形。土样在天然状态下或经人工饱和后,进行逐级加压固结,即可测定各级压力的作用下土样压缩稳定后的孔隙比变化。

(1)土的压缩系数和压缩指数。

压缩性不同的土,其 $e-p$ 曲线的形状也不同。曲线越陡,说明随着压力的增加,土孔隙比的减小越显著,因而土的压缩性越高。所以,曲线上任一点的斜率 a 就表示了相应于压力 p 作用下土的压缩性,故称 a 为压缩系数。

$$a = -\frac{\mathrm{d}e}{\mathrm{d}p} = \frac{e_1 - e_2}{p_2 - p_1} \tag{4.16}$$

式中 负号表示随着压力 p 的增加,e 逐渐减小。

如图4.5所示,压力从 p_1 增加到 p_2,相应的孔隙比由 e_1 减小到 e_2,则与应力增加量 $\Delta p = p_2 - p_1$ 对应的孔隙比变化为 $\Delta e = e_1 - e_2$。此时,土的压缩性可用土中割线 M_1M_2 的斜率表示。设割线与横坐标的夹角为 α,则:

$$a = \tan\alpha = \frac{\Delta e}{\Delta p} = \frac{e_1 - e_2}{p_2 - p_1} \tag{4.17}$$

式中 a——土的压缩系数,MPa^{-1};

　　　p_1——一般是指地基某深度处土中竖向自重应力,MPa;

　　　p_2——地基某深度处土中自重应力与附加应力之和,MPa;

　　　e_1——相应于 p_1 作用下压缩稳定后的孔隙比;

　　　e_2——相应于 p_2 作用下压缩稳定后的孔隙比。

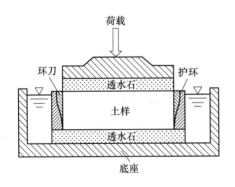

图4.4 压缩仪的压缩容器简图

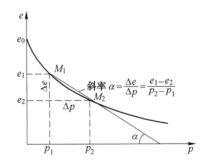

图4.5 以 $e-p$ 曲线确定压缩系数 a

压缩系数越大,表明在同一压力变化范围内土的孔隙比减小得越多,也就是土的压缩性越大。一般采用 $p_1 = 0.1\mathrm{MPa}$ 增加到 $p_2 = 0.2\mathrm{MPa}$ 时的压缩系数 $a_{0.1\sim0.2}$ 来评定土的压缩性:

当 $a_{0.1\sim0.2} < 0.1\mathrm{MPa}^{-1}$ 时,属于低压缩性土;$0.1 \leqslant a_{0.1\sim0.2} < 0.5\mathrm{MPa}^{-1}$ 时,属于中压缩

性土；$a_{0.1\sim0.2}\geqslant0.5\mathrm{MPa}^{-1}$时，属于高压缩性土。

土的 $e-p$ 曲线改绘成半对数压缩曲线 $e-\log p$ 曲线时，它的后段接近直线（图4.6）。其斜率 C_c 为：

$$C_c = \frac{e_1 - e_2}{\log p_2 - \log p_1} = (e_1 - e_2)/\log\frac{p_2}{p_1} \tag{4.18}$$

式中 C_c——土的压缩指数；

其他符号意义同式（4.17）。

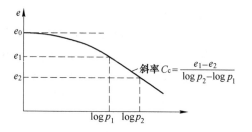

和压缩系数 a 一样，压缩指数 C_c 值越大，土的压缩性越高。从图4.6可见 C_c 与 a 不同，它在直线段范围内并不随压力而变，试验时要求斜率确定得很仔细，否则出入很大。低压缩性土的 C_c 值一般小于0.2，C_c 值大于0.4属于高压缩性土。采用 $e-\log p$ 曲线可分析研究应力

图4.6 以 $e-\log p$ 曲线确定压缩指数 C_c

对土的压缩性影响，这对重要建（构）筑物的沉降计算具有现实意义。

（2）压缩模量。

根据 $e-p$ 曲线，可以计算土的压缩模量 E_s。土的压缩模量是指土在完全侧限条件下的竖向附加应力与相应的应变增量的比值。其可用式（4.19）进行计算：

$$E_s = \frac{\Delta p}{\Delta\varepsilon} = \frac{p_2 - p_1}{\dfrac{e_1 - e_2}{1 + e_1}} = \frac{1 + e_1}{a} \tag{4.19}$$

式中 E_s——土的压缩模量，MPa；

a，e_1 意义同式（4.17）。

土的压缩模量 E_s 是以另一种方式表示土的压缩性指标，它与压缩系数 a 成反比，即 E_s 越小，土的压缩性越高。为了便于比较和应用，通常采用压力间隔 $p_1 = 0.1\mathrm{MPa}$ 和 $p_2 = 0.2\mathrm{MPa}$ 所得的压缩模量 $E_{s(0.1\sim0.2)}$。

4.2.3.2 土的抗剪强度

土的强度问题是土的力学性质的基本问题之一。在工程实践中，土的强度问题涉及地基承载力，路堤、斜坡的稳定性，以及土作为工程结构物的环境时，作用于结构物上的土压力和山岩压力等问题。土体在通常应力状态下的破坏，表现为塑性破坏，或称剪切破坏，即在自重或外荷载作用下，在土体中某一个曲面上产生的剪应力值达到了土对剪切破坏的极限抗力（土的抗剪强度），于是土体沿着该曲面发生相对滑移失稳。所以，土的强度问题实质上是土的抗剪强度问题。

A   无黏性土的抗剪强度

可通过直接剪切试验测定土的抗剪强度。图4.7为直接剪切仪示意图，试验时，先通过压板加法向力 P，然后施加水平力 T，使它发生水平位移而使试样沿上下盒之间的水平面受剪切至破坏。

设在一定法向力 P 作用下，土样到达剪切破坏的水平作用力为 T，若试样的水平截面积为 F，则正压力 $\sigma = P/F$，此时，土的抗剪强度 $\tau = T/F$。

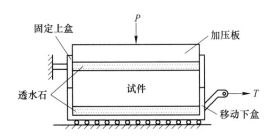

图 4.7　直接剪切仪示意图

抗剪强度与正压力之间的关系可用以下直线方程表示：

$$\tau = \sigma \tan\varphi \qquad (4.20)$$

式中　τ——土的抗剪强度，kPa；

　　　σ——所用于剪切面上的正压力，kPa；

　　　φ——土的内摩擦角，（°）。

由式（4.20）可知，无黏性土的抗剪强度不但决定于内摩擦角的大小，而且还随正压力的增加而增加。内摩擦角的大小与无黏性土的密实度、颗粒大小、形状、粗糙度和矿物成分等有关。

B　黏性土的抗剪强度

在一定排水条件下，对黏性土试样进行剪切试验，结果表明，黏性土的正应压力与抗剪强度之间的关系仍为直线关系，但也与其黏聚力有关，其方程可写为：

$$\tau = c + \sigma \tan\varphi \qquad (4.21)$$

式中　c——土的黏聚力，kPa；

其余符号意义同前。

长期试验表明，土的抗剪强度指标 c 和 φ 是随试验条件而变化的，其中最主要的是排水条件，即不同排水条件下可以得到不同的 c、φ 值。

C　土的动力特征

土在震动或机器基础等的振动作用下，土体会发生不同于静力作用下的物理力学现象。一般而言，土体在动荷载作用下抗剪强度将有所降低，并且往往产生附加形变。

土体在动荷载作用下抗剪强度降低及变形增大的幅度取决于土的类别、状态，以及动荷载的振幅、频率及震动加速度等。

4.3　土的工程分类及成因类型特征

4.3.1　土的工程分类原则和体系

土的工程分类体系，目前国内外有两种：

（1）建筑工程系统的分类体系——侧重于把土作为建筑地基和环境，故以原状土作为基本对象。因此，对土的分类考虑土的组成，即土的天然结构。例如我国《建筑地基基础设计规范》和《岩土工程勘察规范》的分类。

（2）材料系统的分类体系——侧重于将土作为建筑材料，用于路堤、土坝和填土地基等工程，以扰动土为基本对象。对土的分类以土的组成为主，不考虑土的天然结构性。

土分类的目的在于：

（1）根据土类，可以大致判断土的基本工程特性，并可结合其他因素评价地基土的承载力、抗渗流和抗冲刷稳定性，在振动作用下的可液化性及作为建筑材料的适宜性等；

（2）根据土类，可以合理确定不同土的研究内容和方法；

（3）当土的性质不能满足工程要求时，也需根据土类确定相应的改良与处理方法。

4.3.2　我国土的工程分类

我国目前的工程分类标准主要依照《建筑地基基础设计规范》和《岩土工程勘察规范》。其主要特点是，在考虑划分标准时，注重土的天然结构连结的性质和强度，始终与土的主要工程特性——变形和强度特征紧密联系。因此，首先考虑了堆积年代和地质成因的划分，同时将某些特殊形成条件和特殊工程性质的区域性特殊土和普通土区分出来。在以上基础上，再按照颗粒级配或塑性指数分为碎土石、砂土、粉土和黏土四大类，并结合堆积年代、成因和某种特殊性质综合命名。

（1）按照堆积年代划分为三类。

1）老堆积土。第四纪晚更新世 Q_3 及以前堆积的土层，一般为超固结状态，具有很高的结构强度；

2）一般堆积土。第四纪全新世（文化期以前 Q_4）堆积的土层；

3）新近堆积土。第四纪全新世（文化期以后 Q_4）堆积的土层。

（2）根据地质成因可划分为残积土、坡积土、洪积土、冲积土、湖积土、海积土、冰渍土及冰水沉积土和风积土。

（3）土按颗粒级配和塑性指数分为碎石土、砂土、粉土和黏土，分类见表 4.4 ~ 表 4.7。

1）碎石土。粒径大于 2mm 的颗粒含量超过全重 50% 的土，又分为漂石、块石、卵石、碎石、圆砾和角砾；

2）砂土。粒径大于 2mm 的颗粒含量不超过全重 50%，且粒径大于 0.075mm 的颗粒含量超过全重 50% 的土。根据颗粒大小分为砾砂、粗砂、中砂、细砂和粉砂；

3）粉土。粒径大于 0.075mm 的颗粒含量不超过全重 50%，且塑性指数小于或等于 10 的土。分为砂质粉土和黏质粉土；

4）黏性土。塑性指数大于 10 的土。根据塑性指数分为粉质黏土和黏土。

表 4.4　碎石土分类

土的名称	颗粒形状	颗粒级配
漂石	圆形及亚圆形为主	粒径大于 200mm 的颗粒超过全重 50%
块石	棱角形为主	
卵石	圆形及亚圆形为主	粒径大于 20mm 的颗粒超过全重 50%
碎石	棱角形为主	
圆砾	圆形及亚圆形为主	粒径大于 2mm 的颗粒超过全重 50%
角砾	棱角形为主	

表4.5　砂土分类

土的名称	颗粒级配	土的名称	颗粒级配
砾砂	粒径大于2mm的颗粒占全重25%～50%	细砂	粒径大于0.075mm的颗粒超过全重85%
粗砂	粒径大于0.5mm的颗粒超过全重50%	粉砂	粒径大于0.075mm的颗粒超过全重50%
中砂	粒径大于0.25mm的颗粒超过全重50%		

表4.6　粉土分类

土的名称	颗粒级配
砂质粉土	粒径小于0.005mm的颗粒含量不超过全重的10%
黏质粉土	粒径小于0.005mm的颗粒含量超过全重的10%

表4.7　黏性土分类

土的名称	塑性指数
粉质黏土	$10 < I_p \leqslant 17$
黏土	$I_p > 17$

4.4　特殊土的工程地质性质

我国幅员辽阔，地质条件复杂，土类繁多，工程性质各异。有些土类，由于地质、地理环境、气候条件、物质组成及次生变化等原因而各具有与一般土类显著不同的特殊工程性质，当其作为建筑场地、地基或环境时，如不采取必要的措施，就会造成工程事故。人们把这些具有特殊工程性质的土称为特殊土。

在我国，具有一定分布区域和特殊工程意义的特殊土包括软土、湿陷性黄土、红黏土、膨胀土、冻土等。

4.4.1　软土

4.4.1.1　软土判别标准

软土是指天然空隙比大于或等于1.0，且天然含水量大于液限的细粒土，包括淤泥、淤泥质土、泥炭、泥炭质土等，分类标准见表4.8。

表4.8　软土的分类标准

土的名称	划分标准	备注
淤泥	$e \geqslant 1.5,\ I_L > 1$	e——天然孔隙比；
淤泥质土	$1.5 > e \geqslant 1.0,\ I_L > 1$	I_L——液性指数；
泥炭	$W_u > 60\%$	W_u——有机质含量
泥炭质土	$10\% < W_u \leqslant 60\%$	

4.4.1.2　软土工程性质

（1）触变性。当原状土受到扰动后，由于土体结构遭破坏，强度会大幅度降低。触变性可用灵敏度S_t来表示，软土的灵敏度一般在3～4之间，最大可到8～9，故软土地基受振动荷载后，易产生侧向滑动、沉降或基础下土体挤出等现象。

（2）流变性。软土在长期加载作用下，除产生排水固结引起的变形外，还会发生缓慢而长期的剪切变形。这对建（构）筑物地基沉降有较大影响，对斜坡、堤岸、码头和地基稳定性不利。

（3）高压缩性。软土属于高压缩性土，压缩系数大，故软土地基上的建（构）筑物沉降量大。

（4）低强度。软土不排水抗剪强度一般小于 20kPa，软土地基的承载力很低，软土边坡的稳定性极差。

（5）低透水性。软土的含水量虽然很高，但透水性差，特别是垂直向透水性更差，属微透水或不遇水层，对地基排水固结不利，软土地基上建（构）筑物沉降延续时间长，一般达数年以上。在加载初期，地基中常出现较高的孔隙水压力，影响地基强度。

（6）不均匀性。由于沉积环境的变化，土质均匀性差。例如三角洲相、河漫滩相软土常夹有粉土或粉砂薄层，具有明显的微层理构造，水平向渗透性常好于垂直向渗透性，湖泊相、沼泽相软土常在淤况或淤泥质土层中夹有厚度不等的泥炭或泥炭质土薄层或透镜体，作为建（构）筑物地基易产生不均匀沉降。

4.4.2　湿陷性黄土

4.4.2.1　黄土一般特征

我国黄土一般具有以下特征，当缺少其中一项或几项特征时称为黄土状土。

（1）颜色以黄色、褐黄色为主，有时呈灰黄色；

（2）颗粒组成以粉粒为主，含量一般在 60% 以上；

（3）有肉眼可见的大孔，孔隙比一般在 1.0 左右；

（4）富含碳酸盐类，垂直节理发育。

4.4.2.2　黄土湿陷性形成及影响因素

A　黄土湿陷性形成原因

对于黄土具有湿陷性的原因，研究表明，黄土的结构特征及其物质组成是产生湿陷的内在因素。而水的浸润和压力作用又是产生湿陷的外部条件。黄土的结构是在形成黄土的整个历史过程中造成的，干旱和半干旱的气候也是黄土形成的必要条件。季节性的短期降雨把松散的粉粒黏聚起来，而长期的干旱又使土中水分不断蒸发，于是，少量的水分连同溶于其中的盐类便集中在粗粉粒的接触点处，可溶盐类逐渐浓缩沉淀而成为胶结物。随着含水量的减少土粒彼此靠近，颗粒间的分子引力以及结合水和毛细水的连结力也逐渐加大，这些因素都增强了土粒之间抵抗滑移的能力，阻止了土体的自重压密，形成了以粗粉粒为主体骨架的多孔隙及大孔隙结构。当黄土受水浸湿时，结合水膜增厚楔入颗粒之间，于是，结合水连结消失，盐类溶于水中，骨架强度随之降低，土体在上覆土层的自重压力或在自重压力与附加压力共同作用下，其结构迅速破坏，土粒向大孔滑移，粒间孔隙减小，从而导致大量的附加沉陷。这就是黄土湿陷现象的内在原因。

B　黄土湿陷性影响因素

黄土湿陷性强弱与其微结构特征、颗粒组成、化学成分等因素有关。在同一地区，土的湿陷性又与其天然孔隙比和天然含水量有关,并取决于浸水程度和压力大小。

(1) 根据对黄土的微结构的研究,黄土中骨架颗粒的大小、含量和胶结物的聚集形式,对于黄土湿陷性的强弱有着重要的影响。骨架颗粒愈多,彼此接触,则粒间孔隙大,胶结物含量较少,成薄膜状包围颗粒,粒间连结脆弱,因而湿陷性愈强;相反,骨架颗粒较细,胶结物丰富,颗粒被完全胶结,则粒间连结牢固,结构致密,湿陷性弱或无湿陷性。

(2) 黄土中黏土粒的含量愈多,并均匀分布在骨架颗粒之间,则具有较大的老胶结作用,土的湿陷性愈弱。

(3) 黄土中的盐类,如以较难溶解的碳酸钙为主而具有胶结作用时,湿陷性减弱;而石膏及易溶盐含量愈大,土的湿陷性愈强。

(4) 影响黄土湿陷性的主要物理性质指标为天然孔隙比和天然含水量。当其他条件相同时,黄土的天然孔隙比愈大,则湿陷性愈强。随其天然含水量的增加而减弱。

(5) 在一定的天然孔隙比和天然含水量情况下,黄土的湿陷变形量将随浸湿程度和压力的增加而增大,但当压力增加到某一个定值以后,湿陷量却又随着压力的增加而减少。

(6) 黄土的湿陷性从根本上与其堆积年代和成因有密切关系。

4.4.2.3 黄土及其建(构)筑物场地湿陷类型与判别

湿陷性黄土可分为自重湿陷性和非自重湿陷性两种类型。湿陷性黄土受水浸湿后,在其自重压力下发生湿陷的,称为自重湿陷性黄土;而在其自重压力与附加应力共同作用下发生湿陷的,称为非自重湿陷性黄土。将湿陷性黄土划分为自重湿陷性黄土和非自重湿陷性黄土对工程建筑的影响具有明显的现实意义。例如,在自重湿陷性黄土地区修筑渠道初次放水时就产生地面下沉;两岸出现与渠道平行的裂缝;路基受水后由于自重湿陷而发生局部严重坍塌;基土的自重湿陷往往使建(构)筑物产生很大的裂缝,甚至使一些很轻的建(构)筑物也受到破坏。而在非自重湿陷性黄土地区,这类现象极为少见。所以在这两种不同湿陷性黄土地区建筑房屋时,采取的地基、地基处理、防护措施及施工要求等均有很大不同。

(1) 黄土的湿陷类型可按室内压缩试验进行确定。当自重湿陷系数 $\sigma_{zs} < 0.015$ 时,定为非自重湿陷性黄土;当自重湿陷系数 $\sigma_{zs} \geq 0.015$ 时,定为自重湿陷性黄土。

(2) 建筑场地或地基的湿陷类型则按照室内压缩试验累计的计算自重湿陷量 Δ_{zs} 判定。当实测或计算自重湿陷量小于或等于 7cm 时,定为非自重湿陷性黄土场地;

当实测或计算自重湿陷量大于 7cm 时,定为自重湿陷性黄土场地。

4.4.3 红黏土

4.4.3.1 红黏土定义

红黏土分为原生红黏土和次生红黏土。

颜色为棕红或褐黄色,覆盖于碳酸盐岩系之上。液限大于或等于 50% 的高塑性黏土,可判定为原生红黏土。

原生红黏土经搬运、沉积后,仍保留其基本特征,且其液限大于 45%。

4.4.3.2　红黏土工程地质特性

A　红黏土物理力学性质的基本特点

（1）红黏土的粒度组成具有高分散性。其小于 0.005mm 的黏粒含量为 60%～80%；小于 0.002mm 的胶粒含量为 40%～70%。

（2）其天然含水率、饱和度、塑性界限和天然孔隙比都很高，却具有较高的力学强度和较低的压缩性。

（3）其很多指标的变化幅度都特别大，如天然含水率、液限、塑限等。与之相关的力学指标的变化幅度也很大。

（4）土中裂隙的存在，使土体与土块参数尤其是抗剪强度指标相差很大。

B　红黏土的矿物成分和化学成分

红黏土的矿物成分主要为高岭石、伊利石和绿泥石，黏土矿物具有稳定的结晶格架，细粒组结成稳固的团粒结构，土体近于两相体且土中水又多为结合水，这三者使红黏土具有良好的力学性能。

C　红黏土的上硬下软现象

红黏土往往在地表为硬塑状态，向下逐渐变软，出现可塑、软塑甚至流塑的现象。随着这种由硬变软的现象，土的天然含水率、含水比和天然孔隙比也随深度而增加，力学性质相应变差。

D　岩土接触关系特征

红黏土是在经历了红土化作用后由岩石变成土的，无论外观、成分还是组织结构都发生了明显不同于母岩的质的变化。除少数泥灰岩分布地段外，红黏土与下伏基岩均属岩落不整合接触，它们之间的关系是突变而不是渐变的。

E　红黏土的胀缩性

红黏土的组成矿物亲水性不强，交换容量不高，交换阳离子以 Ca^{2+}、Mg^{2+} 为主，天然含水率接近缩限，孔隙呈饱和水状态，以致表现在胀缩性能上以收缩为主，在天然状态下膨胀量很小，收缩性很高。红黏土的膨胀势能主要表现在失水收缩后复授水的过程中，一部分可表现出缩后膨胀，另一部分则无此现象。因此，不宜把红黏土与膨胀土混同。

F　红黏土的裂隙性

红黏土在自然状态下呈致密状，无层理，表部呈坚硬、硬塑状态，失水后含水率低于缩限，土中即开始出现裂缝，近地表处呈竖向开口状，向深处渐弱，呈网状闭合微裂隙。裂隙破坏土的整体性，降低土的总体强度；裂隙使失水通道向深部土体延伸，促使深部土体收缩，加深加宽原有裂隙，严重时甚至形成深长地裂。

土中裂隙发育深度一般为 2～4m，已见最深者可达 8m，裂面中可见光滑镜面、擦痕、铁锰质浸染等现象。

G　红黏土中地下水特征

当红黏土呈致密结构时，可视为不透水层。当土中存在裂隙时，碎裂、碎块或镶嵌状的土块周边便具有较大的透气、透水性，大气降水和地表水可渗入其中，在土体中形成依附网状裂隙赋存的含水层。该含水层很不稳定，一般无统一水位，在补给充分、地势低洼地段，才可测到初见水位和稳定水位，一般水量不大，多为潜水或上层滞水。水对混凝土一般不具腐蚀性。

4.4.3.3 红黏土分类

A 成因分类

红黏土分为原生红黏土和次生红黏土。次生红黏土由于在搬运过程中夹杂有其他物质，成分较为复杂，固结程度也差。经验表明，当物理性质指标相近时，次生红黏土的承载力只有原生红黏土的3/4，次生红黏土中可塑、软塑状态的比例高于原生红黏土，压缩性也高于原生红黏土。

B 红黏土结构分类

红黏土的结构分类是根据其裂隙发育特征进行的，其主要依据为野外观测的裂隙密度。红黏土网状裂隙分布与地貌有一定的关系，如坡度、坡向等。

C 红黏土状态分类

根据含水比或其液性指数，可将红黏土划分为坚硬、硬塑、可塑、软塑、流塑五种。

4.4.4 膨胀土

4.4.4.1 膨胀土定义

膨胀土的主要成分是亲水矿物，是具有显著的吸水膨胀和失水收缩两种变形特征的黏性土。它的主要特征是：

（1）粒度组成中黏粒含量大于30%。

（2）黏土矿物成分中，伊利石、蒙脱石等强亲水性矿物占主导地位。

（3）土体湿度增高时，体积膨胀并形成膨胀压力；土体干燥时，体积收缩并形成收缩裂缝。

（4）膨胀、收缩变形可随环境变化往复发生，导致土的强度衰减。

（5）属液限大于40%的高塑性土。

4.4.4.2 膨胀土工程地质特征

A 野外特征

（1）地貌特征。多分布在二级及以上阶地和山前丘陵地区，个别分布在一级阶地上。在流水冲刷作用下易发生崩塌、滑动。

（2）结构特征。膨胀土多呈坚硬－硬塑状态，结构致密。呈棱形土块者常具有膨胀性，土块越小，膨胀性越强。土内分布有裂缝，斜交剪切裂缝越发育，胀缩性越严重。膨胀土多由细腻的胶体颗粒组成，端口光滑，土内常包含钙质结核和铁锰结核，呈零星分布，有时富集成层。

（3）地下水特征。膨胀土地区多为上层滞水或裂隙水，无统一水位，随着季节水位发生变化，常引起地基的不均匀膨胀变形。

B 膨胀土胀缩变形主要原因

（1）膨胀土的矿物成分主要是次生黏土矿物，具有较高的亲水性，当失水时土体收缩，甚至出现干裂，遇水膨胀隆起。因此，土中次生黏土矿物的含量直接决定膨胀性的大小。

（2）膨胀土的化学成分以 SiO_2、Al_2O_3 和 Fe_2O_3 为主，其硅铝分子比越小，胀缩量就越小。

（3）黏土矿物中，水分不仅与晶胞分子相结合，而且还与颗粒表面上的离子相结合。这些离子随着水进入土中，使土发生膨胀，因此离子交换量越大，土的胀缩性就越大。

（4）黏粒含量越高，比表面积越大，吸水能力越强，胀缩变形越大。

（5）土的密度大，孔隙比就小，反之则孔隙比大。前者浸水膨胀强烈，后者失水收缩大。

（6）膨胀土含水量变化，易产生胀缩变形。当初始含水量与胀后含水量越接近，土的膨胀越小，收缩的可能性和收缩值就越大。

（7）膨胀土的微观结构与其膨胀性关系密切，一般膨胀土的微观结构属于面－面叠聚体，膨胀土微结构单元体集聚体中叠聚体越多，其膨胀越大。

4.4.4.3　膨胀土判别

膨胀土的判别，目前无统一指标，大多采用综合判别法。根据《岩土工程勘察规范》规定，具有以下特征的土可初判为膨胀土：

（1）多分布在二级及以上阶地、山前丘陵和盆地边缘。

（2）地形平缓、无明显自然陡坎。

（3）常见浅层滑坡、地裂，新开挖的路堑、边坡、基槽易发生坍塌。

（4）裂缝发育，方向不规则，常有光滑面和擦痕，裂缝中常充填灰白、灰绿色黏土。

（5）干时坚硬，遇水软化，自然条件下呈坚硬或硬塑状态。

（6）自由膨胀率一般大于40%。

（7）未经处理的建（构）筑物成群破坏，低层较多层严重，刚性结构较柔性结构严重。

（8）建（构）筑物开裂多发生在旱季，裂缝宽度随季节变化。

4.4.5　填土

4.4.5.1　填土定义

填土是在一定的地质、地貌和社会历史条件下，由于人类活动而堆填的土。由于我国幅员辽阔，因此在我国大多数古老城市的地表面，广泛覆盖着各种类别的填土层。

在一般的岩土工程勘察与设计工作中，如何正确评价、利用和处理填土层，将直接影响到基本建设的经济效益和环境效益。在我国二十世纪三四十年代以前，对填土不分情况一般采取挖除换土，或采用其他人工地基，大大增加了工程造价，并给环境条件带来麻烦。到了50年代，随着我国国民经济的发展，在利用表层填土作为天然地基方面取得不少好经验，这些经验已逐步反映在一些地区的地基设计规范和技术条例中。

4.4.5.2　填土分类

A　素填土

由碎石土、砂土、粉土和黏性土等一种或几种材料组成的填土，其中不含杂质或含杂质很少。按主要组成物质分为：碎石素填土，砂性素填土，粉性素填土，黏性素填土。

B　杂填土

含有大量建筑垃圾、工业废料或生活垃圾等杂物的填土。按其组成物质成分和特征分为：

（1）建筑垃圾土。主要由碎砖、瓦砾、朽木等建筑垃圾夹土组成，有机物含量较少。

（2）工业废料土。由现代工业生产的废渣、废料堆积而成，如矿渣、煤渣、电石渣等以及其他工业废料夹少量土类组成。

（3）生活垃圾土。填土中由大量居民生活中抛弃的废物，诸如炉灰、布片、菜皮、陶瓷片等杂物夹土类组成，一般含有机质和未分解的腐殖质较多。

C　冲填土

是人为的用水力冲填方式而沉积的土。多用于沿海滩涂开发及河漫滩造地。西北地区常见的水坠坝（也称冲填坝）即是冲填土堆筑的坝。冲填土形成的地基可视为天然地基的一种，它的工程性质主要取决于冲填土的性质。

4.4.5.3　填土的工程性质

A　素填土的工程性质

素填土的工程性质取决于它的均匀性和密实度。在堆填过程中，未经人工压实者，一般密实度较差，但堆积时间较长，由于土的自重压密作用，也能达到一定密实度。如堆积时间超过 10 年的黏性素填土，超过 5 年的砂性素填土，均具有一定的密实度和强度，可以作为一般建筑物的天然地基。

B　杂填土的工程性质

对各类杂填土的大量试验研究认为，以生活垃圾和腐蚀性及易变性工业废料为主要成分的杂填土，一般不宜作为建筑物地基；对以建筑垃圾或一般工业废料为主要组成的杂填土，采用适当的措施进行处理后可作为一般建筑物地基；当其均匀性和密实性较好，能满足建筑物对地基承载力要求时，可不做处理直接应用。

C　冲填土的工程性质

（1）不均匀性。冲填土的颗粒组成随泥砂的来源而变化，有砂粒，也有黏土粒和粉土粒。在吹泥的出口处，沉积的土粒较粗，甚至有石块，顺着出口向外围则逐渐变细。在冲填过程中由于泥砂来源的变化，造成冲填土在纵横方向上的不均匀性，故土层多呈透镜体状或薄层状出现。当有计划有目的地预先采取一些措施后而冲填的土，则土层的均匀性较好，类似于冲积地层。

（2）透水性能弱、排水固结差。冲填土的含水量大，一般大于液限，呈软塑或流塑状态。当黏粒含量多时，水分不易排出，土体形成初期呈流塑状态，后来虽土层表面经蒸发干缩龟裂，但下面土层由于水分不易排出仍处于流塑状态，稍加触动即发生触变现象。因此冲填土多属未完成自重固结的高压缩性的软土。土的结构需要有一定时间进行再组合，土的有效应力要在排水固结条件下才能提高。

土的排水固结条件，也取决于原地面的形态，如原地面高低不平或局部低洼，冲填后土内水分排不出去，长时间仍处于饱和状态，如冲填于易排水的地段或采取了排水措施时，则固结进程加快。

4.4.6　冻土

4.4.6.1　冻土定义、结构与构造

A　冻土的定义

冻土是指具有负温或零温度并含有冰的土（岩）。它是由固体矿物颗粒、冰（胶结

冰、冰夹层、冰包裹体）、未冻水（强结合水和弱结合水）和气体（空气和水蒸气）组成的四相体系，其特殊性主要表现在它的性质与温度密切相关，是一种对温度十分敏感且性质不稳定的土体。

按冻土含冰特征，可定名为少冰冻土、多冰冻土、富冰冻土、饱冰冻土和含土冰层；当冰层厚度大于 2.5cm，且其中不含土时，应单另标出定名为纯冰层。

B　冻土的结构和构造

冻土的结构和构造对冻土的强度特性、融化下沉和压缩特性、热物理特性等有重大影响。

（1）冻土的结构。冻土结构是指冻土中矿物颗粒和胶结冰的相互排列和连结特征，可分为以下三种：

1）接触胶结结构。冰仅在矿物颗粒的接触处存在。

2）薄膜胶结结构。冰已完全包裹矿物颗粒，但尚未充满大部分孔隙。

3）基底胶结结构。冰已完全充满土的孔隙。

（2）冻土的构造。冻土的构造是指冻土中矿物层和冰层、冰包裹体在空间的分布特征。一般可分为整体构造、层状构造和网状构造。

整体构造：土中水分在原地冻结，且没有水分迁移时形成的构造。含水率小的土体冻结时，都可形成这种构造。

层状构造：高含水率土体慢速冻结时，或土体冻结过程中有外来水源补给时形成。

网状构造：这种构造的生成与土体中的裂隙有关，即不同方向贯通的裂隙是过程中形成网状冰脉的原因。

在上述基本构造之间，还存在有中间和过渡形式的冻土构造，如层状－网状构造。在粉碎石土及带有细颗粒土的小漂石中，广泛分布着所谓的"果壳状构造冻土"。

4.4.6.2　冻土分类

A　按冻结状态持续时间分类

按冻结状态持续时间，分为多年冻土、隔年冻土和季节冻土。

多年冻土指持续时间在 2 年或 2 年以上的土（岩）。季节冻土指地壳表层冬季冻结而在夏季又全部融化的土（岩）。隔年冻土指冬季冻结，而翌年夏季并不融化的冻土。

（1）多年冻土。

1）根据形成与存在的自然条件不同，将多年冻土分为高纬度多年冻土和高海拔多年冻土。

① 我国高纬度多年冻土主要分布在东北大小兴安岭，面积约 $3.88 \times 10^5 km^2$。

② 我国高海拔多年冻土主要分布在青藏高原和喜马拉雅山、祁连山、天山、阿尔泰山、长白山等高山地区，面积约 $1.77 \times 10^6 km^2$，其中青藏高原多年冻土约 $1.5 \times 10^6 km^2$。

2）按水平分布，将多年冻土分为大片多年冻土、岛状融区多年冻土和岛状多年冻土。

① 大片多年冻土。在较大的地区内呈片状分布。

② 岛状融区多年冻土。在冻土层中有岛状的不冻层分布。

③ 岛状多年冻土。在不冻土区域内呈岛状分布。

3）按垂直构造，分为衔接的多年冻土和不衔接的多年冻土。

① 衔接的多年冻土。冻土层中没有不冻结的活动层，冻层上限与受季节性气候影响的季节性冻结层下限相衔接。

② 不衔接的多年冻土。冻层上限与季节性冻结层下限不衔接，中间有一层不冻结层。

（2）季节性冻土。

我国季节性冻土主要分布在长江流域以北、东北多年冻土南界以南和高海拔多年冻土下界以下的广大地区，面积 $5.14 \times 10^6 km^2$。

按与下卧土层的关系，冻土活动层分为季节冻结层和季节融化层两种类型。

1）季节冻结层。指每年寒季冻结，暖季融化，其年平均地温 $> 0℃$ 的地壳表层，其下卧层为融土层或不衔接的多年冻土层。分布在多年冻土区的融区地带。

2）季节融化层。指每年寒季冻结，暖季融化，其年平均地温 $< 0℃$ 的地壳表层，其下卧层为衔接的多年冻土层。分布在多年冻土区的大片冻土地带。

B　冻土的工程分类

不同含冰量的冻土，其物理、力学性质不同。根据冻土的物理、力学性质的不同和对基础工程稳定性的影响，将多年冻土划分为水冰冻土、多冰冻土、富冰冻土、饱冰冻土和含土冰层五种类型。

4.4.6.3　冻土的工程地质性质

A　冻土的物理性质

冻土的物理性质可以用冻土的物理性质指标进行描述，含水量是决定冻土物理特性的主要因素，其主要包括冻土总含水量、相对含冰量、冻土质量含冰量、冻土体积含冰量及冻土未冰水含量。冻土的物理状态指标是指冻土的特征温度，即决定冻土热稳定性和变形特殊的地温特征值，包括起始冻结温度和冻土的特征地温。

B　冻土的力学性质

冻土的力学性质，受冻结过程的水分迁移和冻土中冰与未冰水含量的动态变化等过程的影响。影响冻土力学性质的主要因素有冻土温度、应力状态和荷载作用时间。其主要力学性质指标包括融化下沉系数、融化压缩系数、冻胀率及冻胀力等。

C　冻土的热学性质

材料的热物理性质是指材料传递热量、蓄热和均衡温度的能力。冻土热学性质指标主要包括比热容、容积热容量、导热系数、导温系数。

复习思考题

4-1　什么叫土的粒度成分，它是怎样影响土的工程性质的？

4-2　组成土的矿物有哪些类型，对土的工程性质有什么影响？

4-3　土中结合水、毛细水和重力水的性质是什么，对土的工程性质有什么影响？

4-4　土的基本物理性质指标的定义及其换算关系是什么？

4-5　为什么说无黏性土的紧密状态和黏性土的塑性指数与液性指数是综合反映它们各自工程性质特征的指标？

4-6　我国土的工程分类体系是什么，碎石土、砂土、粉土和黏性土等四大类土及其亚类的划分依据及标准是什么？

4-7　土根据成因可以分为哪几种类型？

4-8　软土、湿陷性黄土、红黏土、膨胀土和填土的特征和工程性质是什么？

4-9　什么是土的结构，土的结构有哪几种类型，它们各自有什么特征？

4-10　如何利用土的粒径分布曲线来判断土的级配的好坏？

4-11　土中的气体是以哪几种形式存在，它们对土的工程性质有什么影响？

5　地　下　水

地下水是指赋存于地面以下岩土体空隙中的水，狭义上是指地下水面以下饱和含水层中的水。地下水是水资源的重要组成部分，由于水量稳定，水质好，是农业灌溉、工矿和城市的重要水源之一。但在一定条件下，地下水的变化也会引起沼泽化、盐渍化、滑坡、地面沉降等不利自然现象。

5.1　地下水类型

地下水的分类方法很多，归纳起来可分为两类：（1）按地下水的某一特征进行分类；（2）综合考虑了地下水的某些特征进行分类。按埋藏条件分为上层滞水、潜水、承压水。按含水层的空隙性质又分为孔隙水、裂隙水和岩溶水。

5.1.1　含水层、隔水层与滞水层

含水层是指在正常水力梯度下，饱水、透水并能给出一定水量的岩土层。把在正常水力梯度下，不透水或透水相对微弱的岩土层称为隔水层，有时也把弱透水层称为滞水层。隔水层可以含水甚至饱水（如黏土），也可以不含水（如致密的岩石）。

含水层的形成必须具备以下条件：岩土层中有较大（指能透水）的空隙；含水层要为隔水层所限，以便地下水汇集不至流失；含水层要有充分的补给来源。含水层在空间分布的几何形态是多样的，但多为层状、似层状，故称含水层，如砾石含水层、细砂含水层等。此外，有些含水层还呈带状、脉状分布，此类含水层宜称含水带，如断层含水带、裂隙含水带等。

5.1.2　地下水埋藏类型

地下水的埋藏类型是按含水层在地质剖面中所处的部位和受隔水层限制情况划分的，可分为包气带水、潜水和承压水，如图 5.1 所示。

5.1.2.1　包气带水

包气带含有结合水、毛细水和气态水，又称为非饱和带。包气带水是在颗粒表面吸附力和孔隙中毛细张力的作用下，因此孔隙水压力为负值，其绝对值大小与含水量成反比，在包气带下部地下水面以上，存在毛细饱和带，孔隙水压力为零。

包气带中存在局部隔水层时，降水入渗的重力水可在局部隔水层的上部聚集起来，形成上层滞水，如图 5.1 所示。上层滞水接近地表，接受大气降水补给，以蒸发形式或向隔水底板边缘排泄。雨季时获得补给，赋存一定水量，旱季时水量逐渐消失。因此，上层滞水变化很不稳定。另外，输水管渗漏也可能形成上层滞水，其动态较稳定。上层滞水危害工程建设，常常突然涌入基坑，危害基坑施工安全。上层滞水的供水意义不大。

5.1.2.2　潜水

潜水是埋藏在地面以下第一个稳定隔水层之上具自由水面的重力水。潜水主要分布于松散土层中。

潜水的自由水面称潜水面。潜水面上任一点的高程称该点的潜水位；自地面某点至潜水面的距离称该点潜水的埋藏深度；潜水面到隔水底板的距离为潜水含水层的厚度，如图5.2所示。

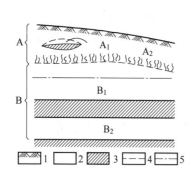

图5.1　包气带水、潜水和承压水

1—土壤；2—含水层；3—隔水层；4—潜水面；5—承压水面；
A—包气带；B—饱水带；A_1—上层滞水；
A_2—毛细水带；B_1—潜水；B_2—承压水

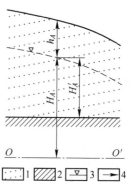

图5.2　潜水的埋藏

1—含水层；2—隔水层；3—潜水面；4—潜水流向；
h_A—A点的潜水埋藏深度；H_A—A点的潜水位；
H'_A—A点潜水层的厚度

潜水一般具有以下特征：

（1）潜水与大气相通，具自由水面，为无压水。当潜水被不稳定的隔水层覆盖时，如水位超过其底面，则局部承压。

（2）潜水的补给区与分布区一致，直接接受大气降水补给。旱季时，常以蒸发形式排泄补给大气。

（3）潜水动态受气候影响较大，具有明显的季节性变化特征。

（4）潜水易受地面污染的影响。

潜水面的形状主要受地形控制，基本上与地形倾斜一致，但比地形平缓。在河旁平原地区潜水面平缓，微向河流倾斜，潜水流向河流。

水面常以潜水等水位线图表示。所谓潜水等水位线图就是潜水面上标高相同点的连线图，它可解决如下问题：

（1）确定潜水流向。潜水自水位高的地方向水位低的地方流动，形成潜水流。在等水位线图上，垂直于等水位线的方向，即为潜水的流向，如图5.3箭头所示的方向。

（2）计算潜水的水力坡度。在潜水流向上取两点的水位差除以两点间的距离，即为该段潜水的水力坡度（近似值）。

（3）确定潜水与地表水之间的关系。如果潜水流向指向河流，则潜水补给河水；如果潜水流向背向河流，则潜水接受河水补给。

（4）确定潜水的埋藏深度。等水位线图应绘于附有地形等高线的图上。某一点的地形标高与潜水位之差即为该点潜水的埋藏深度。

水量丰富的潜水是良好的供水水源。邻河平原地区潜水埋深浅，不利于工程建设。

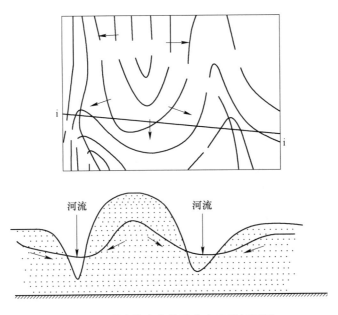

图 5.3 潜水等水位线及水文地质剖面图

5.1.2.3 承压水

承压水是充满两个隔水层之间的含水层中的重力水。如图 5.4(a) 所示埋藏于向斜盆地中的承压水，如图 5.4(b) 所示为其局部。承压含水层出露地表较高的一端称补给区 a，较低的一端称排泄区 c，承压含水层上覆隔水层的地区为承压区 b。承压含水层的上覆隔水层称隔水顶板，下伏隔水层称隔水底板。顶、底板间的距离为承压含水层的厚度 M。在承压区，钻孔钻穿隔水顶板后才能见到地下水，此见水高程 H_1（即隔水顶板底面的标高）称为初见水位。

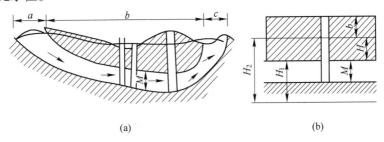

(a)   (b)

图 5.4 承压水的埋藏

(a) 承压水盆地；(b) 承压含水层局部

a—补给区；b—承压区；c—排泄区

此后，承压水在静水压力作用下沿钻孔上升到一定高度停止下来，此高程称为承压水位或测压水位 H_2。承压水位高出隔水顶板底面的距离 H，称为承压水头。承压水位高于地表的地区称为自流区，在此区，凡钻到承压含水层的钻孔都形成自流井，承压水沿钻孔上升喷出地表。各井点承压水位连成的面称承压水面。承压水面不是真正的地下水面，它只是一个压力面。

承压水具有如下特征：

（1）承压水的重要特征是不具有自由水面，并承受一定的静水压力。承压水承受的压力来自补给区的静水压力和上覆地层压力。由于上覆地层压力是恒定的，故承压水压力的变化与补给区水位变化有关。当补给区水位上升时，静水压力增大，水对上覆地层的浮托力随之增大，从而承压水头增大，承压水位上升；反之，补给区水位下降，承压水位随之降低。

（2）承压含水层的分布区与补给区不一致，常常是补给区远小于分布区，一般只通过补给区接受补给。

（3）承压水的动态比较稳定，受气候影响较小。

（4）承压水不易受地面污染。

承压水面在平面图上用承压水等水位线图表示。所谓等水位线图就是承压水面上高程相等点的连线图。等水位线图上必须附有地形等高线和顶板等高线，后者表明钻孔钻到什么深度能见到承压水（初见水位）。

承压水等水位线图可以判断承压水的流向及计算水力坡度，确定初见水位、承压水位的埋深及承压水头的大小等。规模大的承压含水层是很好的供水水源。承压水的水头压力能引起基坑突涌，破坏坑底的稳定性。

5.1.3　孔隙水、裂隙水和岩溶水

5.1.3.1　孔隙水

孔隙水广泛分布于第四纪松散沉积物中，地下水的分布规律主要受沉积物的成因类型控制，见图 5.5(a)。下面介绍几种重要类型沉积物中的地下水。

A　洪积物中地下水

洪积物是山区集中的洪流携带的碎屑物在山口处堆积而成的。洪积物常分布于山体与平原交接部位或山间盆地的周缘，地形上构成以山口为顶点的扇形体或锥形体，故称洪积扇或冲积锥。从洪积扇顶部到边缘，地形由陡逐渐变缓，洪水的搬运能力逐渐降低，因此沉积物颗粒由粗逐渐变细。据水文地质条件，可把洪积扇分成 3 个带：潜水深埋带、溢出带和潜水下沉带。

B　冲积物中地下水

河流上游山间盆地常形成砂砾石河漫滩，厚度不大，由河水补给，水量丰富，水质好，可作供水水源。河流中游河谷变宽，形成宽阔的河流河漫滩和阶地。河漫滩常沉积有上细下粗的二元结构；有时上层构成隔水层，下层为承压含水层。河漫滩和低阶地的含水层常由河水补给，水量丰富，水质好，是很好的供水水源。我国许多沿江城市多处于阶地、河漫滩之上，地下水埋藏浅，不利于工程建设。河流下游为下沉地区，常形成滨海平原，松散沉积物厚，常在 100cm 以上。滨海平原上为潜水，埋藏很浅，不利于工程建设。

5.1.3.2　裂隙水

埋藏于基岩裂隙中的地下水称为裂隙水。裂隙水根据裂隙成因类型不同，可分为风化裂隙水、成岩裂隙水、构造裂隙水，见图 5.5(b)。

A　风化裂隙水

赋存在风化裂隙中的水为风化裂隙水。风化裂隙是由岩石的风化作用形成的，其特点

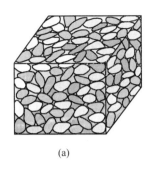 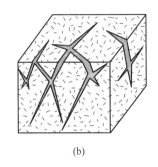 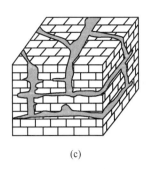

(a) (b) (c)

图 5.5 地下水分类

(a) 孔隙水；(b) 裂隙水；(c) 岩溶水

是广泛分布于出露基岩的表面，延伸短，无一定方向，发育密集而均匀，构成彼此连通的裂隙体系，一般发育深度为几十米，少数也可深达百米以上。风化裂隙水绝大部分为潜水，具有统一的水面，多分布于出露基岩的表层，其下新鲜的基岩为含水层的下限。水平方向透水性均匀，垂直方向随深度而减弱。风化裂隙水的补给来源主要为大气降水，其补给量的大小受气候及地形因素的影响很大，气候潮湿多雨和地形平缓地区，风化裂隙水较发育，常以泉的形式排泄于河流中。

B 成岩裂隙水

赋存于成岩裂隙中的水为成岩裂隙水。成岩裂隙是岩石在成岩过程中，由于冷藏、固结、脱水等作用而产生的原生裂隙。成岩裂隙发育均匀，呈层状分布，多形成潜水。当成岩裂隙岩层上覆不透水层时，可形成承压水。如玄武岩成岩裂隙常以柱状节理形式发育，裂隙宽，连通性好，是地下水赋存的良好空间，水量丰富，水质好，是很好的供水水源。

C 构造裂隙水

赋存于构造裂隙中的水为构造裂隙水。构造裂隙是岩石在构造应力作用下发育于脆性岩层中的张性断层，中心部分多为疏松的构造角砾岩，两侧张裂隙发育，具有良好的导水能力。当这样的断层沟通含水层或地表水体时，断层带兼具贮水空间、集水廊道与导水通道的功能，对地下工程建设危害较大，必须给予高度重视。

5.1.3.3 岩溶水

赋存于岩溶化岩层（如石灰岩、白云岩）中的水为岩溶水，见图 5.5(c)。岩溶常沿可溶岩层的构造裂隙带发育，通过水的差异溶蚀，常形成管道化岩溶系统，并把大范围的地下水汇集成一个完整的地下河系。因此，岩溶水在某种程度上带有地表水系的特征，空间分布极不均匀，动态变化强烈，流动变化强烈，流动迅速，排泄集中。

岩溶水水量丰富，水质好，可作大型供水水源。岩溶水分布地区易发生地面塌陷，给交通和工程建设带来很大危害，应予以注意。

5.2 地下水补给、径流与排泄

含水层从外界获得水量的过程称为补给，失去水量的过程称为排泄。地下水自补给处向排泄处的运移过程称为径流。地下水通过补给、径流、排泄经常不断地参与地球的水文循环，与地表水、大气降水相互转化，这种转化决定着含水层中地下水水质和水量的变化。

5.2.1　地下水循环与运动

5.2.1.1　地下水补给

含水层自外界获得水量的过程称为补给。地下水的补给来源有大气降水、地表水和凝结水补给，含水层之间的补给以及人工补给等。

（1）大气降水补给。大气降水是地下水的最主要补给来源，但大气降水补给地下水的数量与降水性质、植物覆盖、地形、地质构造、包气带厚度及岩石透水性等密切相关。一般来说，时间短的暴雨对补给地下水不利，而连绵细雨能大量补给地下水。

（2）地表水补给。地表水体指的是河流、湖泊、水库与海洋等，地表水体可能补给地下水，也有可能排泄地下水，这主要取决于地表水水位与地下水水位之间的关系。地表水位高于地下水位，地表水补给地下水；反之，地下水补给地表水。

（3）含水层之间的补给。深部与浅层含水层之间的隔水层中若有透水的"天窗"或受断层的影响，使上下含水层之间产生一定的水力联系时，地下水便会由水位高的含水层流向并补给水位低的含水层。此外，若隔水层有弱透水能力，当两含水层之间水位相差较大时，也会通过弱透水层进行补给。例如，对某一含水层抽水时，另一含水层可以越流补给抽水井，增加井的出水量。

（4）人工补给。包括灌溉水、工业与生活废水排入地下以及专门增加地下水量的人工方法补给。

5.2.1.2　地下水径流

地下水由补给区流向排泄区的过程称为径流。地下水由补给区流经径流区，流向排泄区的整个过程构成地下水循环的全过程。地下水径流包括径流方向、径流速度与径流量。

地下水补给区与排泄区的相对位置与高差决定着地下水径流的方向与速度；含水层的补给条件与排泄条件愈好，透水性愈强，则径流条件愈好。例如：山区的冲积物岩石颗粒粗，透水性强，含水层补给与排泄条件好，山区地势险峻，地下水的水力坡度大，因此山区的地下水径流条件好；平原区多堆积一些细颗粒物质，地形平缓，水力坡度小，因此径流条件差。径流条件好的含水层其水质好。此外，地下水的埋藏条件也决定地下水径流类型：潜水属无压流动；承压水属有压流动。

5.2.1.3　地下水排泄

含水层失去水量的过程称为排泄。地下水排泄的方式有蒸发、泉水溢出、向地表水体泄流、含水层之间的排泄和人工排泄等。

（1）蒸发。通过土壤蒸发与植物蒸发的形式而消耗地下水的过程称为蒸发排泄。蒸发量的大小与温度、湿度、风速、地下水位埋深、包气带岩性等有关。干旱与半干旱地区地下水蒸发强烈，常是地下水排泄的主要形式。

（2）泉水。泉是地下水的天然露头，是地下水排泄的主要方式之一。当含水层通道被揭露于地表时，地下水便溢出地表形成泉。山区地形受到强烈的切割，岩石多次遭受褶皱、断裂，形成地下水流向地表的通道，因而山区常有丰富的泉水；而平原地区由于地势平坦，地表切割作用微弱，故泉水的分布不多。按照补给含水层的性质，可将泉水分为上升泉与下降泉两大类：上升泉由承压含水层补给，下降泉由潜水或上层滞水补给。

（3）向地表水泄流。当地表水位高于河水位时，若河床下面没有不透水岩层阻隔，那么地下水可以直接流向河流补给河水。其补给量通过对上、下游两断面河流流量的测定计算。

（4）含水层之间的排泄。在前述的地下水补给一节中，曾提到含水层之间的补给，即一个含水层通过"天窗"、导水断层、越流等方式补给另一个含水层。这对后一个含水层来说是补给，而对前一个含水层来说是排泄。

（5）人工排泄。抽取地下水作为供水水源和基坑抽水降低地下水位等，都是地下水的人工排泄方式。在一些地区人工抽水是地下水排泄的主要方式，如北京、西安等许多城市，地下水是主要供水水源。

5.2.2 地下水运动基本定律

地下水在松散沉积物中沿着空隙流动，在坚硬的岩石中沿着裂隙或溶隙流动。地下水的运动有层流、紊流和混合流三种形式。层流是地下水在岩石的孔隙或微裂隙中渗透，产生连续水流；紊流是地下水在岩土的裂隙或溶隙中流动，具有涡流性质，各流线有相互交错现象；混合流是层流和紊流同时出现的流动形式。

地下水在孔隙中的运动（渗透）属于层流，遵循达西（Darcy）线性渗透定律。达西定律是 1856 年法国水利工程师达西通过大量的室内实验，得到的线性渗透定律。实验装置如图 5.6 所示。在一个有两个流体压力计的玻璃管中填满实验砂样，两端堵塞，并在上下两个塞子上分别插进入流管与出流管，水自上端流入，下端流出，流出量等于流入量。

其公式如下：

$$Q = KA \frac{H_1 - H_2}{L} = KAI \tag{5.1}$$

$$v = \frac{Q}{A} = KI \tag{5.2}$$

式中　Q——渗透流量，m^3/d；

H_1，H_2——上、下游过水断面间的水头，m；

L——上、下游过水断面间的水平距离，m；

A——过水断面的面积（包括岩石颗粒和空隙两部分的面积），m^2；

K——渗透系数，m/d；

v——地下水渗透速度，m/d。

地下水在多孔介质中的运动称为渗透或渗流。地下水的渗透符合达西定律。由式（5.2）可知：地下水的渗流速度与水力坡度的一次方成正比，也就是线性渗透定律。当 $I=1$ 时，$K=v$，即渗透系数是单位水力坡度时的渗流速度。达西定律只适用于流速较小的地下水运动。

5.2.2.1 渗流速度

在公式（5.2）中，过水断面的面积包括岩石颗粒所占据的面积及空隙所占据的面积，而水流实

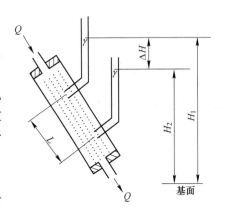

图 5.6　达西渗透实验装置

际通过的过水断面面积 A_1 为空隙所占据的面积，即

$$A_1 = A_n \tag{5.3}$$

式中　n——孔隙度。

由此可知，v 并非地下水的实际流速，而是假设水流通过整个过水断面（包括颗粒和空隙所占据的全部空间）时所具有的虚拟流速。

5.2.2.2　水力坡度

水力坡度为沿渗流途径的水头损失与相应渗透途径长度的比值。地下水在空隙中运动时，受到空隙壁以及水质点自身的摩擦阻力，若克服这些阻力保持一定流速，就要消耗能量，从而出现水头损失。所以，水力坡度可以理解为水流通过某一长度渗流途径时，为克服阻力，保持一定流速所消耗的以水头形式表现的能量。

5.2.2.3　渗透系数

表示含水层透水性能的重要水文地质参数，可通过实验室测定或现场抽水试验求得。一些松散岩石的渗透系数参考值见表5.1。

表5.1　松散岩石渗透系数的参考值　　　　　　　　　　（m/d）

名　　称	渗透系数 K	名　　称	渗透系数 K
砾石	$6.0 \times 10^{-4} \sim 1.8 \times 10^{-3}$	黄土	$3.0 \times 10^{-4} \sim 6.0 \times 10^{-6}$
粗砂	$2.4 \times 10^{-4} \sim 6.0 \times 10^{-4}$	粉质黏土	$1.2 \times 10^{-8} \sim 6.0 \times 10^{-7}$
中砂	$6.0 \times 10^{-5} \sim 2.4 \times 10^{-4}$	黏质黏土	$6.0 \times 10^{-7} \sim 6.0 \times 10^{-6}$
细砂	$6.0 \times 10^{-6} \sim 1.2 \times 10^{-5}$	黏土	$< 1.2 \times 10^{-8}$
粉砂	$6.0 \times 10^{-6} \sim 1.2 \times 10^{-5}$		

5.2.2.4　地下水的涌水量计算

在计算流向集水构筑物的地下水涌水量时，必须区分集水构筑物的类型。集水构筑物按照构造形式可分为垂直的井、钻孔和水平的引水渠道、渗渠等。抽取潜水或承压水的垂直集水坑井分别称为潜水井或承压水井。潜水井和承压水井按其完整程度又可分为完整井及不完整井两种类型。完整井是井底达到了含水层下的不透水层，水只能通过井壁进入井内；不完整井是井底未达到含水层的不透水层，水可从井底或从井壁、井底同时进入井内。

土木工程中常遇到层流运动的地下水在井、坑或者渗渠中的涌水量计算问题，其计算公式很多，可以参考有关水文地质手册。

5.3　地下水的物理性质与化学成分

5.3.1　地下水的物理性质

地下水的物理性质有温度、颜色、透明度、气味、导电性及放射性等。

5.3.1.1　温度

地下水的温度变化范围很大。地下水温度的差异主要受各地区的地温条件控制。通常随埋藏深度不同而变化，埋藏越深的，水温越高。根据地下水温度的高低，可将地下水分为五种类型，见表5.2。

表 5.2　地下水按温度分类表

水温/℃	<0	0~20	20~42	42~100	>100
地下水类型	过冷水	冷水	温水	热水	过热水

地下水的温度对其他化学成分有很大影响，一般来说，盐类在水中的溶解度都随着温度的升高而增大；气体则相反，温度愈高其溶解度愈小。

地下水的温度一般和它所在地区的地温状况是相适应的，整个变温带的地下水温度有年变化，变温带上部（地表以下 1~3m）的地下水温度还有昼夜变化。无论是地下水温的年变化还是昼夜变化都较气温变化幅度小，而且落后于气温的变化时间。常温带的地下水温度和地温相同，很接近当地平均气温。贮存在常温带以下的地下水温同地温一样随深度而增加，其计算方法是：

$$T_H = T_B + \frac{H-h}{G} \tag{5.4}$$

式中　T_H——地表以下深度 H 处的地下水温度，℃；

　　　T_B——所在地区年常温带的温度，℃；

　　　H——地下水所处的深度，m；

　　　h——年常温带深度，m；

　　　G——所在地区的地热增温级，m/℃。

5.3.1.2　颜色

常见地下水是无色的。当水中含有某些元素或含有较多的悬浮物质和胶体物质时，便会带有不同颜色。常见的地下水颜色见表 5.3。

表 5.3　地下水颜色与其中存在物质的关系

水中存在物质	H_2S	低价铁	高价铁	硫细菌	锰的化合物	腐植酸	黏土
水色	翠绿色	浅绿灰色	黄褐色或锈色	红色	暗红色	暗或黑黄灰色（带荧光）	无荧光的淡黄色

5.3.1.3　透明度

地下水的透明度取决于其固体与胶体悬浮物的含量。常见的地下水一般是透明的。通常采用筒底带有放水嘴的量筒来测定透明度，测定时将 3mm 粗的黑线放在筒底，打开放水嘴将筒内水徐徐放出，直到可以看清黑线为止。此时，观测量筒的水柱高度，即是透明度指标数值。根据此数值可将透明度分为四级，见表 5.4。

表 5.4　地下水透明度的分级

分级	野外鉴别特征
透明的	无悬浮物及胶体，60cm 水深时，可见 3mm 的粗黑线
微浊的	有少量的悬浮物，30~60cm 水深时，可见 3mm 的粗黑线
浑浊的	有较多的悬浮物，半透明状，小于 30cm 水深可见 3mm 粗黑线
极浑的	有大量悬浮物或胶体，似乳状，即使水深很小时，也不能清楚地看到 3mm 粗黑线

5.3.1.4　嗅（气味）

地下水的气味取决于水中所含的气体成分和有机物质。常见的地下水是无气味的，但当水中含有某些化学成分时，便出现一些特别的气味。如当水中含有 H_2S 气体时，水便有臭蛋味；水中含有亚铁离子时，水便有铁腥味；水中含有腐植质时，水便有沼泽味。一般情况下，气味强弱与温度有关，低温时气味不易辨别，而加热到40℃左右时气味最显著。

5.3.1.5　导电性

地下水的导电性决定于其中所含电解质的数量与性质（即各种离子的含量与离子价）。离子含量愈多，离子价愈高，则水的导电性愈强。此外，温度对导电性也有影响。导电性通常用电导率来表示。地下水的导电性为水源勘探时采用电测方法创造了条件。

5.3.1.6　放射性

地下水的放射性取决于其中放射性元素的含量。一般地下水的放射性极微弱，仅在埋藏和循环于放射性矿床、石油矿床以及酸性岩浆岩地区的地下水中，其放射性相应增强。地下水放射性强度以马海或埃曼单位表示。

5.3.2　地下水的化学成分

5.3.2.1　地下水中的主要气体成分

地下水中常见的气体成分有 O_2、N_2、CO_2 及 H_2S 等。一般情况下，地下水中气体含量不高，地下水中的气体成分能够很好地反映地球化学环境，同时，某些气体的含量会影响盐类在水中的溶解度以及其化学反应。

A　氧（O_2）、氮（N_2）

地下水中的氧气和氮气主要来源于大气。它们随同大气降水及地表水补给地下水，以渗入补给为主，与大气圈关系密切的地下水中含 O_2 及 N_2 较多。溶解氧含量愈多，说明地下水所处的地球化学环境愈有利于氧化作用进行。

B　硫化氢（H_2S）

地下水中出现硫化氢，其意义恰好与 O_2 相反，说明处于缺氧的还原环境。在与大气较为隔绝的环境中，当有机质存在时，由于微生物的作用，SO_4^{2-} 将还原生成 H_2S。因此，H_2S 一般出现于封闭地质构造的地下水中，如油田水。

C　二氧化碳（CO_2）

地下水中的二氧化碳主要有两个来源，一种由有机物的氧化（植物的呼吸作用及有机质残骸的发酵作用）形成。这种作用发生于大气、土壤及地表水中，生成的 CO_2 随同水一起入渗补给地下水，浅部地下水中主要含有这种成因的 CO_2；另一种是深部变质造成的。含碳酸盐类的岩石，在深部高温影响下，分解生成 CO_2，即

$$CaCO_3 \xrightarrow{400℃} CaO + CO_2$$

地下水中含 CO_2 愈多，则其溶解碳酸盐类的能力，以及对结晶岩类进行风化作用的能力便愈强。

由于近代工业的发展，大气中人为产生的 CO_2 在显著增加，特别在某些集中的工业

区，补给地下水的降水中 CO_2 含量往往格外高。

5.3.2.2 地下水中的主要离子成分

地下水中分布最广、含量较多的离子共七种，即 Cl^-、SO_4^{2-}、HCO_3^-、Na^+、K^+、Ca^{2+} 及 Mg^{2+}。这些离子成分决定着地下水化学成分的基本类型和特点。

A Cl^-

氯离子是地下水中分布最广的阴离子，几乎存在于所有的地下水中。其含量变化很大，每升水中由数毫克至数百克不等，一般在含盐分高的地下水中其含量相对较高。

地下水中的 Cl^- 主要来自盐岩矿床或其他含氯化物的沉积物中；其次，也可来自岩浆岩中的某些矿物，如氯磷灰石、方钠石等的风化产物以及火山区喷出物；此外，还可能来自沿海地带海水的侵入和海水微滴飞溅空气后，随同降水再度降落于地表等；地下水中的 Cl^- 也可出于有机来源，即来自动物和人类的排泄物。因此，往往在城市或其他聚集的居民点附近，地下水中 Cl^- 的含量相应增高。同时，氯离子不为植物及细菌所摄取，也不被土粒表面吸附。

B SO_4^{2-}

硫酸根离子在地下水中分布也很广，每升水中含量变化范围由十分之几毫克至数十克等，通常为数十毫克。

地下水中的 SO_4^{2-} 来自含石膏（$CaSO_4 \cdot 2H_2O$）或其他硫酸盐的沉积岩的溶解，以及来自硫化物的氧化，例如：

$$2FeS_2 + 7O_2 + 2H_2O \longrightarrow 2FeSO_4 + 4H^+ + 2SO_4^{2-}$$
$$2S + 3O_2 + 2H_2O \longrightarrow 4H^+ + 2SO_4^{2-}$$

SO_4^{2-} 远不如 Cl^- 含量高，也不如 Cl^- 稳定。这是由于作为 SO_4^{2-} 主要来源的 $CaSO_4$ 溶解度较小，限制了 SO_4^{2-} 在水中的含量。此外，在还原环境中，SO_4^{2-} 将被还原为 H_2S 及 S。

C HCO_3^-

重碳酸根离子在地下水中分布虽然很广，但其含量始终不高，每升水中一般在一克以内，是低矿化水的主要离子成分。

地下水中 HCO_3^- 主要来源于碳酸盐类岩石，如石灰岩、白云岩、泥灰岩等的溶解。

$$CaCO_3 + H_2O + CO_2 \Longleftrightarrow Ca^{2+} + 2HCO_3^-$$
$$MgCO_3 + H_2O + CO_2 \Longleftrightarrow Mg^{2+} + 2HCO_3^-$$

$CaCO_3$ 和 $MgCO_3$ 是难溶于水的，当水中的 CO_2 存在时，方有一定数量溶解于水，水中 HCO_3^- 的含量取决于 CO_2 含量的平衡关系。

D Na^+

钠离子在地下水中分布很广，其含量具有随矿化度增高而增高的特点，每升水中含数十毫克至十克，甚至可达 100g。

地下水中钠离子主要来源于岩盐矿床和含钠盐沉积物的溶解；其次来自岩浆岩及变质岩含钠矿物的风化与分解。

$$Na_2CO_3 + H_2O \longrightarrow 2Na^+ + HCO_3^- + OH^-$$

钠离子在地下水中主要与氯离子伴存，但有时也与 SO_4^{2-}、HCO_3^- 共存。

E K$^+$

钾离子的来源以及在地下水中的分布特点都与钠相近。钾盐的溶解度也很高，但是，K$^+$在地下水中的含量较 Na$^+$ 低得多。这是因为 K$^+$ 易被黏土颗粒吸附和植物吸收，并易参与次生矿物（如水云母等）的生成。

F Ca^{2+}

钙离子在地下水中的分布很广，是含盐量低的地下水的主要阳离子成分，但其绝对含量不高，一升水中一般不超过一克。

地下水中的 Ca^{2+} 主要来源于碳酸盐类岩石和含石膏的岩石的溶解、溶滤，以及岩浆岩、变质岩中含钙矿物的风化和分解。Ca^{2+} 在地下水中常与 HCO$_3^-$ 及 SO$_4^{2-}$ 伴存。

G Mg^{2+}

镁离子在地下水中分布也很广，然而，其绝对含量也不高。其主要来源于白云岩的溶解及岩浆岩、变质岩中含镁矿物的风化与分解。

镁盐的溶解度大于钙盐，可是，地下水中 Mg^{2+} 的含量较 Ca^{2+} 低。其主要原因是 Mg^{2+} 易被植物吸收，且参与次生硅酸岩的形成。Mg^{2+} 在地下水中主要与 HCO$_3^-$ 伴存。

5.4 地下水对建筑工程的影响

地下水是地质环境的重要组成部分，且最为活跃。在许多情况下地质环境的变化常常是由地下水的变化引起的。引起地下水变化的因素是各种各样的，往往带有偶然性，局部发生，难以预测，对工程危害很大。

5.4.1 地基沉降

在松散沉积层中进行深基础施工时，往往需要人工降低水位。若降水不当，会使周围地基土层产生固结沉降，轻者造成邻近建筑物或地下管线的不均匀沉降；重者使建筑物基础下的土体颗粒流失，甚至掏空，导致建筑物开裂和危及安全。

附近抽水井滤网和砂滤层的设计不合理或施工质量差，则抽水时会将软土层中的黏粒、粉粒甚至细砂等细小颗粒随同地下水一起带出地面，使周围地面土层很快不均匀沉降，造成地面建筑物和地下管线不同程度的损坏。另外，井管开始抽水时，井内水位下降，井外含水层中的地下水不断流向滤管，经过一段时间后，在井周围形成漏斗状的弯曲水面——降水漏斗，在这一降水漏斗范围内的软土层会发生渗透固结而造成地基土沉降。而且，由于土层的不均匀性和边界条件的复杂性，降水漏斗往往是不对称的，因而使周围建筑物或地下管线产生不均匀沉降，甚至开裂。

针对这种情况，最有效的办法就是要对地下水进行科学的抽采，倘若已经出现这种现象，应当采用回灌措施。

5.4.2 流砂

流砂是地下水自下而上渗流时土产生流动的现象，它与地下水的动水压力有密切的关系。当地下水的动水压力大于土粒的浮容重或地下水的水力坡度大于临界水力坡度时，就会产生流砂。这种情况常常是由于在地下水位以下开挖基坑、埋设地下水管、打井等工程活动而引起的，所以流砂是一种工程地质现象。易产生在细砂、粉砂、粉质黏土等土中。流砂在工程施工中能造成大量的土体流动，致使地表塌陷或建筑物的地基破坏，会给施工带来很大困难，或直接影响建筑工程及附近建筑物的稳定，因此，必须进行防治。

在可能产生流砂的地区，若其上面有一定厚度的土层，应尽量利用上面的土层做天然地基，也可用桩基穿过流砂，总之尽可能地避免开挖。如果必须开挖，可用以下方法处理流砂。

（1）人工降低水位。使地下水位降至可能产生流砂的地层以下，然后开挖。

（2）打板桩。在土中打入板桩，它既可以加固坑壁，同时也增长了地下水位的渗流路程以减小水力坡度。

（3）冻结法。用冻结方法使地下水结冰，然后开挖。

（4）水下挖掘。在基坑（或沉井）中用机械在水下挖掘，避免因排水而造成流砂的水头差。为了增加砂的稳定，也可向基坑中注水并同时进行挖掘。

此外，处理流砂的方法还有化学加固法、爆炸法及加重法等。在基槽开挖的过程中，局部地段出现流砂时，立即抛入大块石头等，可以克服流砂的活动。

5.4.3 潜蚀

潜蚀作用可分为机械潜蚀和化学潜蚀两种。机械潜蚀是指土粒在地下水的动水压力作用下受到冲刷，将细粒冲走，使土的结构破坏，形成洞穴的作用；化学潜蚀是指地下水溶解土中的易溶盐分，使土粒间的结合力和土的结构破坏，土粒被水带走，形成洞穴的作用。这两种作用一般是同时进行的。在地基土层内如具有地下水的潜蚀作用时，将会破坏地基土的强度，形成空洞，产生地表塌陷，影响建筑工程的稳定。在我国的黄土层及岩溶地区的土层中，常有潜蚀现象产生，修建建筑物时应予以注意。

对潜蚀的处理可以采用堵截地表水流入土层、阻止地下水在土层中流动、设置反滤层、改造土的性质、减小地下水流速及水力坡度等措施。这些措施应根据当地地质条件分别或综合采用。

5.4.4 地下水的浮拖作用

当建筑物基础底面位于地下水位以下时，地下水对基础底面产生静水压力，即产生浮托力。如果基础位于粉性土、砂性土、碎石土和节理裂隙发育的岩石地基上，则按地下水位100%计算浮托力；如果基础位于节理裂隙不发育的岩石地基上，则按地下水位50%计算浮托力；如果基础位于黏性土地基上，其浮托力较难确切地确定，应结合地区的实际经验考虑。

地下水不仅对建筑物基础产生浮托力，同样对其水位以下的岩石、土体产生浮托力。所以《建筑地基基础设计规范》（GB 50007—2011）中规定：确定地基承载力设计值时，无论是基础底面以下土的天然重度或是基础底面以上土的加权平均重度，地下水位以下一律取有效重度。

5.4.5 基坑突涌

当基坑下伏有承压含水层时，开挖基坑减小了底部隔水层的厚度。当隔水层较薄经受不住承压水头压力作用时，承压水的水头压力会冲破基坑底板，这种工程地质现象被称为基坑突涌。

为避免基坑突涌的发生，必须验算基坑底层的安全厚度 M。基坑底层厚度与承压水头压力的平衡关系式如下：

$$\gamma M = \gamma_w H \tag{5.5}$$

式中　γ，γ_w——分别为黏性土的重度和地下水的重度，kN/m^3；

H——相对于含水层顶板的承压水头值，m；

M——基坑开挖后黏土层的厚度，m。

所以，基坑底部黏土层的厚度必须满足式（5.6），如图 5.7 所示。

$$M > \frac{\gamma_w}{\gamma} H \tag{5.6}$$

若 $M < \frac{\gamma_w}{\gamma} H$，为防止基坑突涌，则必须对承压含水层进行预先排水，使其承压水头降至基坑底部能够承受的水头压力，如图 5.8 所示。而且，相对于含水层顶板的承压水头 H 必须满足式（5.7）。

$$H < \frac{\gamma}{\gamma_w} M \tag{5.7}$$

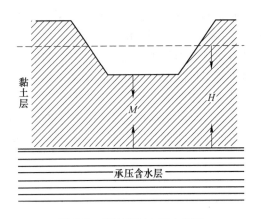

图 5.7　基坑底隔水最小厚度

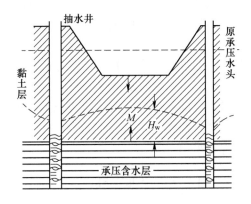

图 5.8　防止基坑突涌的排水降压

针对这种现象，可以实施降压措施，利用降压井对压力水的水头进行降低，并加固基坑的基底位置，方法可以选择高压旋喷注浆法以及化学注浆法等手段，确保基坑基底不透水层的稳定性，避免基坑突涌现象的出现。

5.4.6　对混凝土的腐蚀作用

地下水中含有很多化学成分，当某一种成分超过正常范围以后，就会对工程基础的钢筋以及混凝土产生很大的侵蚀，造成对其的破坏。如 SO_4^{2-} 在地下水中已经超出了正常的含量，这样一来这种混凝土内的一些 $Ca(OH)_2$ 会与之发生化学反应，进而影响工程基础的混凝土结构，导致其受到破坏。这种危害具有复杂性的特点，长期产生破坏作用，继而影响工程建设的基础设施发生改变，影响工程的稳定性。如果凭借自己的工作经验以及相关的材料能够对区内都存在的腐蚀性进行确定时，则不用再进行样品检测；如果不能确定，必须要进行相关的实验测试，对其腐蚀性进行明确。

复习思考题

5-1　什么是地下水，地下水的补给和贮存条件有哪些？

5-2　地下水按埋藏条件和含水层的空隙特征性质各分为哪几种？

5-3　概述潜水和承压水的形成条件和特点。

5-4　地下水的物理性质有哪些方面，地下水的化学成分有哪几大类？

5-5　地下水对建筑工程有哪些影响，如何防治地下水造成的灾害？

5-6　孔隙水、裂隙水和岩溶水的区别是什么？

5-7　流砂和管涌的区别是什么，如何防治流砂和管涌？

6 外力地质作用对工程的影响

由自然动力引起的地壳的物质组成、内部结构和地表形态发生变化和发展的作用称为地质作用。外力地质作用是指以太阳能以及日月引力能为能源并通过大气、水、生物等因素引起的地质作用，其主要发生在地壳的表层。

6.1 风化作用

6.1.1 风化作用定义

分布在地表或地表附近的岩石，经受太阳辐射、大气、水溶液及生物等因素的侵袭，逐渐破碎、松散或矿物成分发生化学变化，甚至生成新的矿物，这种现象称为岩石的风化作用。

6.1.2 风化作用类型

岩石风化后物理力学性质发生显著变化，力学强度明显降低。各种工程建筑所遇到的岩石，绝大多数是经受过不同风化程度的岩石。根据风化作用的性质及其影响因素，可分为物理风化、化学风化和生物风化作用三种类型，见表 6.1。

表 6.1 风化作用基本类型及特征

基本类型	涵 义	作用方法		基 本 特 征
物理风化作用	岩石受温度及其空隙中水和盐分的物态变化影响，发生机械破坏而未改变其化学成分的过程	温度作用		温度变化引起矿物与岩石体积的膨胀和收缩，岩石空隙中水的冻结和溶化，使矿物和岩石破碎
		盐类的溶解和重结晶作用		在降水量少、蒸发强烈的干旱及半干旱地区，岩石裂隙中含盐分较多，昼夜温度变化反复引起这些盐分重结晶或溶解的胀缩变化，使岩石裂隙不断增多、扩大、崩裂
化学风化作用	岩石由于空气中氧、水溶液、二氧化碳的作用，不仅发生破碎，而且发生化学成分改变的过程	氧化作用		由于许多元素具有与氧结合的能力，氧化便成为普遍的自然现象，地壳表层到处在进行着氧化作用，是化学风化的主要方式之一
		溶液作用	溶解作用	任何矿物均能溶于水，溶解作用的结果使易溶物质流失，难以溶解的物质残留，使岩石空隙增加，强度减小，便于剥蚀
			水化作用	有些矿物与水接触后，常吸收一定量的水形成新的矿物，其硬度降低，体积膨胀
			碳酸化作用	水溶液中的盐离子和水电离出的 H^+ 或 OH^- 生成弱电解质，反应所产生的游离酸能使岩石腐蚀而松散。当水中有 CO_2 时，水解作用将加速进行

基本类型	涵　义	作用方法	基　本　特　征
生物风化作用	生物在其生命活动中对岩石、矿物产生的破坏作用	生物机械风化作用	如植物的根劈作用，动物和人类的活动所引起的岩石破坏和风化作用
		生物化学风化作用	生物的化学风化作用是通过生物的新陈代谢和生物死亡后的遗体腐烂分解来进行的

（1）物理风化。物理风化又称机械风化，会造成岩石分解。机械风化的主要过程为海蚀，海蚀会减少碎屑物及其他微粒的大小。但机械风化与化学风化环环相扣，如机械风化造成的裂缝会增加进行化学风化的表面面积。机械风化包括冻融风化、热膨胀等。

（2）化学风化。化学风化会引起岩石成分的改变，常常导致其形态的崩溃。这种风化会在一段时间内反复发生。化学风化包括溶解作用、水化作用、氧化作用及碳酸化作用。

（3）生物风化。有部分动植物能够释放出酸性化学物质而引起化学风化。最常见的生物风化引起的化学风化形式为释放螯合物这一化学物质，亦为酸的一种。此化学物质由植物释放，用作分解其底下土壤的铝、铁成分。土壤中植物的残骸可以形成有机酸，溶于水后造成化学风化。螯合物的过度释放会影响附近岩石与土壤，极可能引致灰化土的形成。

6.1.3　风化作用影响因素

风化作用的影响因素主要包括矿物成分、化学成分、岩体结构和构造、地质构造、气候及地形的影响，见表 6.2。

表 6.2　风化作用影响因素及特征

主要影响因素	特　征
矿物成分	单矿岩及由浅色或颜色单一矿物所组成的岩石，较复矿岩及由深色或杂色各种矿物组成的岩石抗风化能力强
化学成分	岩浆岩、变质岩和碎屑岩较化学岩和生物岩抗风化能力强；沉积岩较岩浆岩和变质岩抗风化能力强；岩浆岩中的酸性岩较基性岩和超基性岩抗风化能力强；喷出岩较侵入岩抗风化能力强
结构和构造	坚硬致密的岩石较疏松多孔的岩石抗风化能力强；等粒的较不等粒的岩石抗风化能力强；细粒的较粗粒的岩石抗风化能力强；薄层的较厚层的岩石抗风化能力强
地质构造	由于节理裂隙的存在，便于空气、水溶液的流动和生物活动，故节理密集带、断层破碎带、背斜轴部等处，易于风化且风化深度较大
气候	气候干燥或寒冷地区，物理风化作用较强烈，化学及生物风化作用微弱；气候潮湿或炎热地区化学及生物风化作用强烈，风化深度较大
地形	地形影响气候，使山地产生垂直分带，亦使风化作用产生垂直分带；缓坡较陡坡、阳坡较阴坡风化作用强烈，风化深度大；沟谷发育地区，地形切割严重，侧向风化作用加强

6.1.4   岩石风化程度划分

《岩土工程勘察规范》中划分了全风化、强风化、中等风化和微风化 4 种风化程度，见表 6.3。

表 6.3   岩体风化程度划分

风化程度	特 征 描 述
残积土	组织结构全部破坏，已风化成土状，锹镐易挖掘，干钻易钻进，具可塑性
全风化	结构基本破坏，但尚可辨认，有残余结构强度，可用镐挖，干钻可钻进
强风化	结构大部分破坏，矿物成分显著变化，风化裂隙很发育，岩体破碎，用镐可挖，干钻不易钻进
中等风化	结构大部分破坏，矿物成分显著变化，风化裂隙很发育，岩体破碎，用镐可挖，干钻不易钻进
微风化	结构基本未变，仅节理面有渲染或略有变色，有少量风化裂隙
未风化	岩质新鲜，偶见风化痕迹

（1）残积土。岩石强烈风化后残留在原地区的碎屑堆积，呈土或砂砾状，质地疏松，除石英等耐蚀矿物外，均风化为次生矿物。原岩结构已扰动破坏，未搬运分选，无层理。

（2）全风化。岩石中除石英等耐蚀矿物外，大多风化为次生矿物。原岩结构形态仍保存，并可具有微弱的联结力。块体可用手捏碎，碎后呈松散土夹砂砾状或黏性土状，浸水易崩解。岩体一般风化较均一，可含少量风化较轻的岩块或球体，已具土的特性，可残存有原岩体中的结构面，并可影响岩体的稳定性。扰动后强度降低。

（3）强风化。岩石的颜色一般变浅，常有暗褐色铁锰质渲染，大部分矿物严重风化变质，失去光泽，有的已变为黏土矿物。原岩结构构造清晰，岩块可用手折断。岩体风化程度常不均一，有风化程度不同的岩块夹杂其中，裂隙发育，可将岩体切割成 2 ~ 30 cm 的块体，呈干砌块石或球状。沿裂隙面风化严重，块球体核心风化轻微。具有明显的不均一性，原岩结构面对岩体稳定有明显影响，敲击或开挖常沿节理面破裂成岩块。

（4）中等风化。岩石的颜色变浅，矿物风化变质较轻，光泽变暗，暗色矿物周边及裂隙附近常有褐色浸染现象，并可出现少量次生矿物。岩体裂隙较发育，沿裂隙面风化较明显，岩体完整性较差，可被切割成 30 ~ 50 cm 的块体。

（5）微风化。岩石的断面保持未风化状态，仅沿节理面有铁锰质浸染或易风化矿物略有风化迹象，岩体完整性好。

（6）未风化。岩质新鲜未受风化。

6.1.5   风化作用防治

为制定防治岩石风化的正确措施，首先必须查明建筑场地影响岩石风化的主要地质营力、风化作用的类型、岩石风化速度、风化壳垂直分带及其空间分布、各风化带岩石的物理力学性质，同时必须了解建筑物的类型、规模及其对地质体的要求。

防治岩石风化的措施一般包括两个方面：一是对已风化产物的合理利用与处理；二是防止岩石进一步风化。

6.1.5.1　风化岩石的治理措施

当风化壳厚度较小（如数米之内），施工条件简单时，可将风化岩石全部挖除，使重型建筑物基础砌置在稳妥可靠的新鲜基岩上。

一般工业民用建筑物，强风化带甚至剧风化带亦能满足要求时，根本不用挖除，必须选择合理的基础砌置深度。对于重型建筑物，特别是重型水工建筑物，对地基岩体稳定要求较高，其挖除深度应视建筑物类型、规模及风化岩石的物理力学性质而定，需要挖除的只是那些物理力学性质变得足以威胁到建筑物稳定的风化岩石。如我国三峡水利枢纽，大坝选在强度较高的前震旦系结晶岩上，根据巨型大坝的要求，经多年反复研究，在弱风化带内部以声波纵速 4000m/s 为界分为上下两带，弱风化带上带及其以上的剧、强风化带需要挖除，将大坝基础砌置于弱风化带下带的顶部。

当风化壳厚度虽较大，但经处理后在经济上和效果上反比挖除合理时，则不必挖除。如地基强度不能满足要求，可用锚杆或水泥灌浆加固，以加强地基岩体的完整性和坚固性。若为水工建筑物地基防渗要求，则可用水泥、沥青、黏土等材料进行防渗帷幕灌浆处理。

当地基存在囊状风化，且其深度不大时，在可能条件下可将其挖除。当囊状风化深度较大时，应视具体条件或用混凝土盖板跨越，或进行加固处理。

开凿于剧强风化带中的边坡和地下洞室，应进行支挡、加固、防排水等措施，以保证施工及应用期间边坡岩体及洞室围岩的稳定性。

6.1.5.2　岩石风化的预防措施

大部分岩石经风化后，改变了原岩的物理力学性质，形成巨厚的风化壳。这是在地质历史时期发生的结果，其速度一般较慢，在工程使用期限内不致显著降低岩体的稳定性。但是有的岩石，如黏土岩及含黏土质的岩石风化速度较快，它们一旦出露，经数日甚至数分钟就开始出现风化裂隙，经数年甚至数月原岩性质就会发生显著变异。对于施工前能满足建筑物要求，但在工程使用期限内因风化而不能满足建筑物要求的岩石，甚至在施工开挖过程中易于风化的岩石，必须采取预防岩石风化的措施。

预防岩石风化的基本指导思想是：通过人工处理后，使风化营力与被保护岩石隔离，以使岩石免遭继续风化；降低风化营力的强度，以减慢岩石的风化速度。例如为防止因温度变化而引起的物理风化，可在被保护岩石表面用黏性土或砂土铺盖，其厚度应超过该地区年温度影响深度 5~10cm。一般说用亚黏土作铺盖材料时效果较好，它既可防止气温变化的影响，又因其渗透性微弱可防止气液的侵入。若是防止水和空气侵入岩体，可用水泥、沥青、黏土等材料涂抹被保护岩石的表面，或用灌浆充填岩石空隙。

在国外曾采用各种化学材料浸透岩石，使之充填岩石空隙，或在空隙壁形成保护薄膜，以防止风化营力与岩石直接接触。有的采用化学材料中和风化营力，使其风化能力降低。这些方法由于费用昂贵，技术又较复杂，目前我国尚未普及推广。

当以风化速度较快的岩石作地基时，基坑开挖至设计高程后，须立即浇注基础，回填闭。有时基坑开挖未达设计高程前，根据岩石的风化速度，预留一定的岩石厚度，待浇注基础工作准备妥当后，再全段面挖至设计高程，然后迅速回填封闭或分段开挖、分段回填。这些措施均能达到防止岩石风化的目的。

6.2 地表流水的地质作用

6.2.1 地表流水的来源和种类

地面流水主要来自大气降水，其次是融雪水，在地下水丰富的地区也可以泉水形式转为地面流水。

地面流水可以分为以下三种：

（1）片流。自然斜坡上面状分布、无定向的均匀流水。它均匀洗刷地面，形成坡积物。

（2）洪流。沟谷中的线状流水。

（3）河流。河谷中的经常性流水。

地面流水是陆地上最普遍、最活跃也是最重要的地质营力。地面流水是陆地地貌的"雕塑家"，造就了地表上秀美的山川。

6.2.2 地表流水的地质作用

6.2.2.1 片流及其地质作用

A   片流的地质作用

片流的作用主要为洗刷作用，即片流在流动的过程中，沿斜坡均匀地将细粒碎屑物质冲洗至斜坡下部的过程，如图 6.1 所示。在坡顶，坡度缓，流速小，水量少，洗刷程度弱；在坡的中上部，坡度逐渐变陡，流速加快，水量逐渐增大，洗刷强度增强；在坡的下部和坡麓，主要接受冲刷下来的松散堆积物。

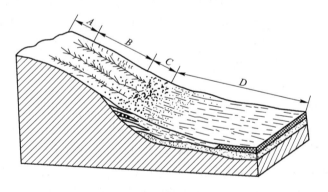

图 6.1　片流洗刷作用示意图

B   洗刷作用的影响因素

洗刷作用的影响因素主要有降雨量、坡度、岩性和植被。

（1）降雨量越大、降雨越强烈，洗刷程度越强。

（2）坡度过缓，流速慢，片流动能小；坡度过陡，受雨少，动能也小。40°左右的山坡片流洗刷程度最强。

（3）松散的岩石有利于洗刷作用。

（4）植被茂盛的山坡几乎不产生洗刷作用。

C　片流洗刷作用的危害

片流携带的碎屑物质在斜坡下部平缓部位和坡麓堆积而成的沉积物。这些坡积物通常为细砂、粉砂和黏土，其成分与斜坡基岩成分一致；碎屑物质颗粒的磨圆很差，棱角明显，分选性也不好，多呈透镜状、似层状；坡积物在垂向剖面上呈下粗上细，在顺坡向下的方向上则由粗变细，往往为日后的滑坡、泥石流提供了条件。

6.2.2.2　洪流地质作用

A　洪流地质作用

洪流的地质作用主要包括有下蚀、旁蚀及向源侵蚀，这三者是相互联系、同时进行的。

（1）下蚀是指流水及其携带的沙砾对谷底的侵蚀，其结果使谷底不断下切加深。

（2）旁蚀是指流水对谷地两侧的侵蚀，沟壁发生崩塌，其结果使谷坡后退，谷地展宽。

（3）向源侵蚀是指向源头的侵蚀，其结果使沟头向源头后退，谷地伸长，并发展支沟，支沟两侧再生小支沟。

B　洪积扇

洪流一旦流出沟口，水流散开，动力骤减，搬运的碎屑物在沟口大量堆积下来，形成扇形分布的洪积物，其分选性和磨圆度较差，层理不好。从平面分布上看，扇顶处（沟口）洪积物堆积最多，颗粒最粗；往外数量减少，颗粒变细，在扇底前缘可出现黏土物质。若一系列相邻的洪积扇相互连接，可形成山前平坦地形，称为洪积平原。

6.2.2.3　河流地质作用

A　河谷要素

河流是指河谷中的经常性流水。如图6.2所示，河谷主要包括河床、谷底、谷坡、谷麓及谷缘。

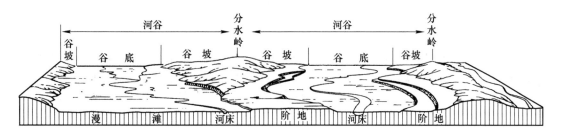

图6.2　河谷要素示意图

B　河流的侵蚀作用

河流的侵蚀作用是指河流以自身动能，并以其搬运的泥沙对河床的破坏作用。主要方式有溶蚀作用、水力作用和磨蚀作用。

（1）溶蚀作用是指河水将易溶矿物和岩石溶解，促使河床破坏的作用。岩石溶解度越大、水温越高、pH值越小，溶解作用的强度越大。

（2）水力作用是指河水以机械冲击力破坏河床的作用。在河流的上游，或坡度较大的山区，河水流速较大，流水冲入岩石裂隙产生强大压力，促使河床岩石崩裂。由松散沉积物构成的河床地段，其河水冲击力的作用更为明显。

（3）磨蚀作用是指河水以携带的泥沙、砾石作为工具磨损河床的作用。水中的砂砾对基岩河床摩擦、冲击，使得河床加深变宽。

C　瀑布、壁龛、急流的形成

瀑布是一种跌水现象，河床呈阶梯状，上下落差很大，河水凌空泻落。凡是河床上出现陡坎处均可形成瀑布，如熔岩流、山崩、滑坡等引起的堵塞河床处即可形成瀑布；横切河谷的断层崖可形成瀑布；新构造运动形成的悬谷也可形成瀑布。河谷坡度大的地方，水流湍急，形成急流。

如图 6.3 所示，瀑布形成后，下蚀作用更为强烈，尤其是在瀑布跌落处最盛，往往形成深潭。在深潭处，由于流水高空落下的冲力和水流旋转的掏蚀力，下部软岩层很快被掏空，形成往上游凹进的凹槽；这时上部的硬岩层更加突出，形成壁龛。随着掏蚀作用的继续，上部硬岩层失去支撑而崩落，导致瀑布向上游方向后退。

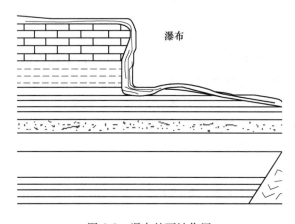

图 6.3　瀑布的下蚀作用

D　河流的下蚀作用

河流的下蚀作用是指河水及挟带的泥沙对河床底部的破坏作用。下蚀的原因主要有流水向下的运动分量、沙砾撞击河床以及涡穴作用。下蚀作用主要发生在河流的上游或山区地段。

E　河流的溯源侵蚀

河流的溯源侵蚀是指河流向源头方向加长的现象。溯源侵蚀作用是与下蚀作用相伴而生的，其实际是下蚀作用的必然结果，瀑布后退就是一种局部的溯源侵蚀作用。

F　河流的侧蚀作用

河流的侧蚀作用是指河水及挟带的泥沙对河床两侧的破坏作用。其主要是由于在河流弯道部位，因离心力作用，使表层水体向凹岸集中，抬高了水位，产生了横比降，进而使下层水体往凸岸运动，于是形成了横向环流。久而久之发生了凹岸侵蚀而后退，凸岸沉积而前进的现象，使得河床更加弯曲。

河流侵蚀类型及位置如图 6.4 所示。

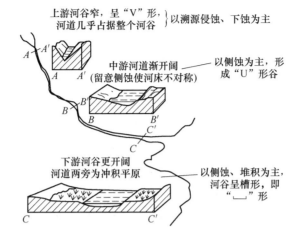

图 6.4 河流侵蚀类型及位置示意图

复习思考题

6-1 什么是外力地质作用?

6-2 什么是风化作用,其对工程建设有何影响?

6-3 如何减轻风化作用对工程的影响程度?

6-4 简述地面流水的分类及其来源。

6-5 地面流水对工程建设有何影响?

6-6 河流的侵蚀作用有哪些?

7 工程地质勘察基本方法

工程地质勘察是工程建设的前期工作，它是运用地质、工程地质等相关学科的理论和技术方法，在建设场地及其附近进行调查研究，查明、分析、评价场地的地质、环境特征和岩土体的工程条件，为工程建设的正确规划、设计、施工和运行等提供可靠的地质资料，以保证工程建（构）筑物的安全稳定、经济合理和正常使用。所以，工程方案的选择、建（构）筑物的配置、设计参数的确定等，都必须以工程地质勘察资料为依据，这就是工程地质勘察的基本任务。

7.1 工程地质勘察的基本技术要求

7.1.1 工程勘察的基本技术准则

7.1.1.1 工程重要性等级

根据工程的规模和特征，以及由于岩土工程问题造成工程破坏或影响的后果，可将工程重要性等级分为三个等级，见表7.1。

表7.1 工程重要性等级

工程重要性等级	破坏后果	工程类别
一级	很严重	重要工程
二级	严重	一般工程
三级	不严重	次要工程

7.1.1.2 场地等级

根据场地的复杂程度，可将场地划分为三个等级，见表7.2。

表7.2 场地等级划分

场地等级	对建（构）筑物抗震	不良地质作用	地质环境	地形地貌	地下水
一级	符合以下条件之一				
	危险地段	强烈发育	已经或可能遭受强烈破坏	复杂	有影响工程的多层地下水、岩溶裂隙水或其他水文地质条件复杂，需专门研究的场地
二级	符合以下条件之一				
	不利地段	一般发育	一级或可能遭受一般破坏	较复杂	基础位于地下水位以上

续表7.2

场地 等级	对建（构）筑 物抗震	不良地质 作用	地质环境	地形地貌	地下水
三级	符合下列条件				
	有利地段	不发育	基本未受到破坏	简单	对下水对工程无影响

注：1. 从一级开始，向二级、三级退定，以最先满足的为准；
2. 对建筑抗震有利、不利或危险地段根据《建筑抗震设计规范》（GB 50011—2010（2016版））；
3. 不良地质作用是指崩塌、滑坡、泥石流、塌陷、地下水潜蚀等；
4. 地质环境是指地下采空、地面沉降、地裂缝、化学污染等。

7.1.1.3 地基等级

根据地基复杂程度，将地基按表7.3划分为三个地基等级。

表7.3 场地等级划分

场地等级	岩土条件	特殊性岩土
一级 （复杂）	符合以下条件之一	
	岩土种类多，很不均匀，性质变化大， 需特殊处理	严重湿陷、膨胀、盐渍、污染的特殊性岩土，以 及其他情况复杂，需做专门处理的岩土
二级 （中等复杂）	符合以下条件之一	
	岩土种类较多，不均匀，性质变化较大	除上述规定以外的特殊性岩土
三级 （简单）	符合下列条件	
	岩土种类单一，均匀，性质变化不大	无特殊性岩土

7.1.1.4 岩土工程勘察等级

根据工程重要性等级、场地复杂程度等级和地基复杂程度等级，将勘察等级按表7.4划分为三个等级。

表7.4 岩土工程勘察等级

勘察等级	评定标准
甲级	工程重要性等级、场地复杂程度等级、地基复杂程度等级中有一项为一级
乙级	除勘察等级为甲级和丙级以外的勘察等级
丙级	工程重要性等级、场地复杂程度等级、地基复杂程度等级均为三级

7.1.2 工程地质勘察的阶段划分

勘察阶段的划分，分为可行性研究勘察、初步勘察和详细勘察阶段。对工程地质条件复杂或有特殊施工要求的重要工程，还应进行施工勘察；对面积不大，且工程地质条件复杂的场地或有建筑经验的地区，可简化勘察阶段。

勘察阶段应与设计阶段相一致，适应相应设计阶段深度的要求。各个设计阶段的任务不同，要求工程地质勘察提供的地质资料和回答的问题在深度和广度上是不一样的。因此，为不同设计阶段所进行的工程地质勘察设计的地区范围、使用的工作方法和工作量的多少以及所取得资料的详细程度也应该有所不同。各勘察阶段的目的和主要方法见表 7.5。

表 7.5　各勘察阶段的主要目的和方法

勘察阶段	设计要求	勘　察　目　的	主　要　方　法
可行性研究勘察	满足确定场地方案	对拟选场址的稳定性及适宜性做出评价	搜集分析已有资料，进行场地踏勘，必要时进行工程地质测绘和少量勘探工作
初步勘察	满足初步设计或扩大初步设计	对场地内建筑地段的稳定性做出评价及对不良地质现象的防治方案进行论证	勘探点一般勘探线布置，勘探线应垂直地貌单元边界线、地质构造线及地层界线。在地形地貌简单场地，勘探点可按网格布置
详细勘察	满足施工图设计	按建（构）筑物提出详细的工程地质资料和实际所需的岩土技术参数，对建筑地基做出岩土工程分析评价，为基础设计、地基处理、不良地质现象的防治等具体方案做出论证、结论和建议	根据不同建（构）筑物的具体情况和工程要求而定。一般应包括勘探和岩土室内外测试
施工勘察	不作为一个固定阶段，视工程需要而定	解决与施工有关的岩土工程问题	地基验槽、桩基检验、工程监测等

7.2　工程地质测绘

7.2.1　工程地质测绘要求和目的

测绘的目的是为了研究拟建场地的地层、岩性、构造、地貌、水文地质条件和不良地质作用，为场址选择和勘察方案的布设提供依据。

7.2.1.1　测绘范围确定

工程地质测绘的范围应包括建设场地及其附近地段，以解决实际问题为前提，并考虑以下要求：

（1）工程建设引起的工程地质现象可能影响的范围；

（2）影响工程建设的不良地质作用的发育阶段及其分布范围；

（3）对查明测区地层岩性、地质构造、地貌单元等问题有意义的临近地段。

7.2.1.2　观测点、线的布置

根据测绘精度要求，需在一定面积内满足一定数量的观测点和观测线路。观测点的布置应尽可能利用天然露头，当天然露头不足时，布置少量勘探点。并取少量土试样，在条件适宜时，可配合进行一定的物探工作。

每个地质单元体均应有观测点。观测点一般在不同时代的地层接触线、岩层分界线、

地质构造线、标准层位、地貌变化处、天然和人工露头、地下水露头和不良地质作用分布处。

7.2.1.3 资料的搜集

在进行测绘之前需要搜集一定的区域资料，包括：

（1）区域地质资料。如区域地质图、地貌图、构造地质图、矿产分布图等。

（2）气象资料。区域内主要气象要素，如气温、气压、风速等。

（3）水文资料。水系分布图、水位、流速、流量及径流动态等。

（4）水文地质资料。地下水的主要类型、埋藏深度、补给来源、排泄条件等。

（5）地震资料。包括地震历史资料、烈度区划等。

7.2.1.4 测绘内容

工程测绘需查明区域的地貌、地层岩性、地质构造、不良地质作用、第四纪地质、水文地质条件及建筑砂石料概况。

7.2.1.5 测绘方法

测绘方法主要包括像片成图法和实地测绘法。

（1）像片成图法是利用地秒摄像或航空摄影像片，先在室内进行解译，划分地层岩性、地质构造、地貌、水系和不良地质作用等，并在像片上选择若干点和线路，进行实地校对修正，一般实地校对点数占测绘点数的30%～50%。野外工作包括：检查解译标志、检查解译结果、检查外推结果及对室内解译进行补充。

（2）实地测绘法。常用实地测绘法有三种：路线法、布点法和追索法。

1）路线法是沿着一定的路线，穿越测绘场地，把走过的路线正确地填绘在地形图上，并沿途观察地质情况。路线多为"S"形或"直线"形，一般用于中、小比例尺。

2）布点法是工程地质测绘的基本方法，是根据不同的比例尺预先在地图上布置一定数量的观察点和观察路线。观察路线长度必须满足要求，路线力求避免重复，使对象得到广泛的观察。

3）追索法是一种辅助方法，是沿地层走向或某一构造线方向布点追索，以便查明某些局部的复杂构造。

7.3 工程地质勘探

工程地质勘探是在工程地质测绘的基础上，为了进一步查明地表以下工程地质问题，取得深部地质资料而进行的。勘探的方法主要有坑、槽探、钻探、地球物理勘探等方法，在选用时应符合勘察目的及岩土的特性。

7.3.1 坑、槽探

坑、槽探是用人工或机械方式进行挖掘坑、槽，以便直接观察岩土层的天然状态以及各地层之间接触关系等地质结构，并能去除接近实际的原状结构土样，它的缺点是可达的深度较浅，且易受自然地质条件的限制。

在工程地质勘探中，常用的坑、槽探主要有坑、槽、井、洞等几种，见表7.6。

表 7.6　工程地质勘探中坑、槽、洞的类型

类型	特　点	用　途
试坑	深数十厘米的小坑，形状不定	局部剥除地表覆土，揭露基岩
浅井	从地表向下垂直，断面呈圆形或方形，深 5～15m	确定覆盖层及风化层的岩性及厚度，取原状样，载荷试验，渗水试验
探槽	在地表追至岩层或构造线挖掘成深度不大的（小于3～5m）长条形槽	追索构造线、断层，探查残积坡积层、风化岩石的厚度和岩性
竖井	形状与浅井相同，但深度可超过20m，一般在平缓山坡、漫滩、阶地等岩层较平缓的地方，有时需要支护	了解覆盖层厚度及性质、构造线、岩石破碎情况、岩溶、滑坡等，岩层倾角较缓时效果较好
平洞	在地面有出水口的水平坑道，深度较大，使用较陡的基岩岩坡	调查斜坡地质构造，对查明地层岩性、软弱夹层、破碎带、风化岩层时，效果较好，还可取样或做原位试验

7.3.2　钻探

7.3.2.1　工程地质钻探

工程地质钻探是获取地下标准的地质资料的重要方法，而且通过钻探可采取原状岩土样和做现场力学试验，这也是工程地质钻探的任务之一。

钻探是指在地表下用钻头钻进地层的勘探方法。在地层内钻成直径较小并具有相当深度的圆筒形孔眼称为钻孔。通常将直径达 500mm 以上的钻孔称为钻井。钻孔上面口径较大，越往下越小，呈阶梯状。钻孔的上口称孔口，底部称孔底，四周侧部称孔壁，钻孔断面的直径称孔径。由大孔径改为小孔径称为换径，从孔口到孔底的距离称为孔深。

钻孔的直径、深度、方向取决于钻孔用途和钻探地点的地质条件。钻孔的直径一般为 75～150mm，但在一些大型建（构）筑物的工程地质钻探时，孔径往往大于 150mm，有时达到 500mm。钻孔的深度为数米到上百米，视工程要求和地质条件而定，一般的工民建工程地质钻探深度在数十米以内。钻孔的方向一般为垂直的。

7.3.2.2　钻探过程和钻进方法

钻探过程有三个基本程序：

（1）破碎岩石。在工程地质钻探中广泛采用人力或机械方法，使小部分岩土脱离整体而形成粉末、岩土块或岩土芯的线性，这叫做破碎岩土。岩土之所以能被破碎是借助冲击力、剪切力、研磨和压力来实现的。

（2）采取岩土。用冲洗液将孔底破碎的碎屑冲到孔外，或者用钻具靠人力或机械将孔底的碎屑或样心取出于地面。

（3）保全孔壁。为了顺利地进行钻探工作，必须保护好孔壁，不使其坍塌，一般采用套管或泥浆来护壁。

工程地质钻探可根据岩土破碎的方式，将钻进方法分为四种：

（1）冲击钻进。此法采用底部圆环状的钻头。钻进时将钻具提升到一定高度，利用钻具自重，迅猛放落，钻具在下落时产生冲击动能，冲击孔底岩土层，使岩土达到破碎的

目的而加深钻孔。

（2）回转钻进。此法采用底部嵌焊有硬质合金的圆环状钻头进行钻进。钻进中施加钻压，使钻头在回转中切入岩土层，达到加深钻孔的目的。在土质地层中钻进，有时为了有效地、完整地揭露标准地层，还可以采用勺形钻钻头或提土钻钻头进行钻进。

（3）综合式钻进。此法是一种冲击回转综合式的钻进方法。它综合了前两种钻进方法在地层钻进中的优点，以达到提高钻进效率的目的。

（4）震动钻进。此法采用机械动力所产生的振动力，通过连接杆和钻具传到圆筒形钻头周围土中。由于振动器高速震动的结果，圆筒钻头依靠钻具和振动器的重量使得土层更容易被切削而钻进，且钻进速度较快。主要适用于粉土、砂土、较小粒径的碎石层以及黏性不大的黏性土层。

7.3.3 地球物理勘探

地球物理勘探简称物探，是通过研究和观测各种地球物理场的变化来探测地层岩性、地质构造等地质条件。各种地球物理场有电场、重力场、磁场、弹性波的应力场、辐射场等。由于组成地壳的不同岩层介质往往在密度、弹性、导电性、磁性、放射性及导热性等方面存在差异，这些差异会引起相应的地球物理场的局部变化。通过测量这些物理场的分布和变化特征，结合已有地质资料进行分析，可以达到推断地质性状的目的。

物探宜运用于下列场合：

（1）作为钻探的先行手段，了解隐蔽的地质界线、界面或异常点；

（2）作为钻探的辅助手段，在钻孔之间增加地球物理勘察点，为钻探成果的内插、外推提供依据；

（3）作为原位测试手段，测定岩土体的波速、动弹性模量、特征周期、土对建筑材料的腐蚀等参数。

主要物探方法的应用范围和使用条件见表7.7。

表7.7 集中主要物探方法的应用范围和适用条件

方法名称		应 用 范 围	使 用 条 件
电法勘探	电阻率剖面法	探测地层岩性在水平方向的电性变化，解决与平面位置有关的问题	被测地质体有一定的宽度和长度，电性差异显著，电性界面倾角大于30°；覆盖层薄，地形平缓
	电阻率测深法	探测地层岩性在垂直方向的电性变化，解决与深度有关的地质问题	被测岩层有足够厚度，岩层倾角小于20°；相邻层电性差异显著，水平方向电性稳定；地形平缓
	高密度电阻率法	探测浅部不均匀地质体的空间分布	被测地质体与围岩的电性差异显著，其上方没有极高阻或极低阻的屏蔽层；地形平缓，覆盖层薄
	充电法	用于钻孔或水井中测定地下水流向流速；测定滑坡体的滑动方向和速度	含水层埋深小于50m，地下水流速大于1m/d；地下水矿化程度微弱；覆盖层的电阻率均匀

方法名称		应用范围	使用条件
电法勘探	自然电场法	判定在岩溶、滑坡及断裂带中地下水的活动情况	地下水埋深较浅，流速足够大，并有一定的矿化度
	激发极化法	寻找地下水，测定含水层埋深和分布范围，评价含水层的富水程度	在测区内没有游散电流的干扰，存在激电效应差异
电磁法勘探	频率测探法	探测断层、裂隙、地下洞穴及不同岩层界面	被测地质体与围岩典型差异显著；覆盖层的电阻率不能太低
	瞬变电磁法	可在基岩裸露、沙漠、冻土及水面上探测断层、破碎带、地下洞穴及水下第四系厚度等	被测地质体相对规模较大，且相对围岩呈低阻；其上方没有极低阻屏蔽层；没有外来电磁干扰
	可控源音频大地电磁测探法	探测中、浅部地质构造	被测地质体有足够的厚度及显著的电性差异；电磁噪声比较平静；地形开阔、起伏平缓
	探地雷达	探测地下洞穴、构造破碎带、滑坡体；划分地层结构	被测地质体上方没有极低阻的屏蔽层和地下水的干扰；没有较强的地磁场源干扰
地震勘探	直达波法	测定波速，计算岩土层的动弹性参数	
	反射波法	探测不同深度的地层界面	被探测地层与相邻地层有一定的波阻抗差异
	折射波法	探测覆盖层厚度及基岩埋深	被测地层的波速应大于上覆地层波速
	端雷波法	探测覆盖层厚度和分层；探测不良地质体	被测地层与相邻层之间、不良地质体与围岩之间，存在明显的波速和波阻抗差异
声波探测		测定岩体的动弹性参数；评价岩体的完整性和强度；测定硐室围岩松动圈和应力集中区的范围	
层析成像		评价岩体质量；划分岩体风化程度、圈定地质异常体、对工程岩体进行稳定性分类；探测溶洞、地下暗河、断裂破碎带等	被探测体与围岩有明显的物性差异；电磁波CT要求外界电磁波噪声干扰小
综合测井	电测井	划分地层，区分岩性，确定软弱夹层、裂隙破碎带的位置和厚度；确定含水层的位置、厚度；划分咸、淡水分界面；测定地层电阻率	无套管、有井液的孔段进行
	声波测井	区分岩性，确定裂隙破碎带的位置和厚度；测定地层的孔隙度；研究岩土体的力学性质	无套管、有井液的孔段进行
	放射性测井	划分地层；区分岩性，鉴别软弱夹层、裂隙破碎带；确定岩层密度、孔隙度	无论钻孔有无套管及井液均可进行
	电视测井	确定钻孔中岩层节理、裂隙、断层、破碎带和软弱夹层的位置及结构面的产状；了解岩溶洞穴的情况；检查灌浆质量和混凝土浇筑质量	无套管和清水钻孔中进行
	井径测量	划分地层；计算固井时所需的水泥量；判断套管井的套管接箍位置及套管损坏程度	有无套管及井液均可进行
	井斜测量	测量钻孔的倾角和方位角	在无铁套管的井段进行

7.3.4 岩土试样采取

取样是工程地质勘察中必不可少的、经常性的工作。为定量评价工程地质问题而提供室内试验的样品,包括岩土样和水样。试样除了在地面工程地质测绘调查和坑探工程中采取外,主要是在钻孔中采取的。

采取的试样是否具有代表性,直接影响到试验成果是否确切表征实际岩土体性状的问题,应予以足够重视。关于试样的代表性,从取样角度来说,需考虑取样的位置、数量和技术问题。取样的位置在一定的单元体内应确保在不同方向上均匀分布,以反映趋势性的变化;取样的数量则应综合考虑到取样的成本,需要从技术和经济两方面权衡,合理地确定;另外,也是最重要的,为了保证所取试样符合试验要求,以便正确地反映实际的状态,必须采用合适的取样技术。

7.3.4.1 原状土的概念

工程地质钻探的主要任务之一是在岩土层中采取岩芯或原状土试样。在采取试样过程中应该保持试样的天然结构,如果试样的天然结构已受到破坏,则试样称为"扰动样"。由于土工试验所得出的土性指标要保证其可靠性,因此工程地质勘察中所取得的试样必须保留天然结构。原状试样有岩芯试样和土试样,岩芯试样由于其坚硬性,其天然结构难以破坏;而土试样则不同,很容易受到扰动。因此,采取原状土试样是工程地质勘察中的一项重要技术。

造成土样扰动的原因有三个:

(1) 外界条件引起的土试样的扰动,如钻进工艺、钻具选取、钻压、钻速、取土方法选择等。

(2) 采样过程造成的土体中应力条件发生了变化,引起土样内的质点间相对位置的位移和组织结构的变化,甚至出现质点间的原有黏聚力的破坏。

(3) 在采取土样时,需用去突起采取,但不论采用何种去突起,它都有一定的壁厚、长度和面积。当切入土层时,会使土层试样产生一定的压缩变形,这就造成了土试样的扰动。

根据扰动程度将土试样分为四个等级,见表7.8。

表7.8 土扰动程度及可进行试验项目

扰动等级	扰动程度	可进行试验项目
Ⅰ级	不扰动	土类定名、含水量、密度、强度参数、变形参数、固结压密参数
Ⅱ级	轻微扰动	土类定名、含水量、密度
Ⅲ级	显著扰动	土类定名、含水量
Ⅳ级	完全扰动	土类定名

在钻孔取样时,采用薄壁去突起所采得的土试样定为Ⅰ~Ⅱ级;采用中壁厚或厚壁取土器所采得的土试样定为Ⅱ~Ⅲ级;对于采用标准贯入器、螺纹钻头或岩芯钻头所取得的黏性土、粉土、砂土和软岩试样皆定为Ⅲ~Ⅳ级。

7.3.4.2 钻孔取样的操作

土样质量的优劣,不仅取决于取土器具,还取决于全过程的操作是否恰当。

钻进时应满足一定的钻进要求，力求不扰动或少扰动预计取样处的土层；到达预计取样位置后，在仔细清除孔底浮土的情况下平稳、快速、连续地下放取土器；取出的土样进行密封保存，并在规定时限内进行试验。

7.3.4.3　减少土试样扰动的注意事项

为保证土样少受扰动，采取土试样的前后及过程中应注意如下事项：

（1）在结构性敏感土层和较疏松砂层中需采用回转钻进，而不得采用冲击钻进；

（2）以泥浆护孔，可以减少扰动。并注意在孔中保持足够的静水压力，防止因孔内水位过低而导致孔底软黏性土或砂层产生松动或涌起；

（3）取土钻孔的孔径要适当，取土器与孔壁之间要有一定的间距，避免下放取土器时切削孔壁，挤进过多废土。钻孔应与孔壁垂直，以避免取土器切刮孔壁；

（4）取土前的依次钻进不应过深，以避免下部拟取土样部位的土层受扰动。并且在正式取土前，把已受一定程度扰动的孔底土柱清理掉，避免废土过多，取器顶部挤压土样。

（5）取土深度和进土深度及尺寸，在取土前都应该准确丈量。取土过程中，如提升取土器、拆卸取土器等各个工序，均应细致稳妥以免造成扰动。

（6）取出的土应及时进行密封，并进行标注。在封存、运输和试验时，应避免扰动。

7.4　工程地质原位试验

工程地质勘察中的试验有室内试验和现场原位试验。为了取得准确可靠的力学计算指标，在工程地质勘察中，必须进行一定的原位测试。所谓原位测试就是在土层原来所处的位置基本保持土粒的天然结构、天然含水量以及天然应力状态下，测定土的工程力学性质指标。

原位测试与室内土工试验相比，具有以下主要优点：

（1）可以测定难以取得不扰动土样的有关工程力学性质；

（2）可以避免取样过程中应力释放的影响；

（3）原位测试的土体影响范围远大于室内试验，因此代表性强；

（4）可大大缩短地基土层勘察周期。

但是，原位测试也有不足之处。例如：各种原位测试都有其使用条件，若使用不当则会影响其效果；另外，影响原位测试成果的因素较为复杂，使得对测定值的准确判定造成一定的困难；还有，原位测试中的主应力方向往往与实际岩土工程中的主应力方向并不一致等。

工程地质原位测试的主要方法有静力载荷试验、触探试验、十字板剪切试验、扁铲侧胀、旁压试验、波速测试等。

7.4.1　静力载荷试验

7.4.1.1　静力载荷试验的基本原理

静力载荷试验就是在拟建场地上，在挖至设计的基础埋深时的平整坑底放置一定规格的方形或圆形承压板，在其上逐级施加荷载，测定相应荷载作用下地基土的稳定沉降量，分析研究地基土的强度与变形特征，求得地基土容许承载力与变形模量等力学数据。用此法确定该深度范围内土的变形模量比较可靠。

用静力载荷试验测得的压力 p（kPa）与相应的土体稳定沉降量 s（mm）之间的关系曲线，如图 7.1 所示，按照其反应的土体应力状态，可分为三个阶段：

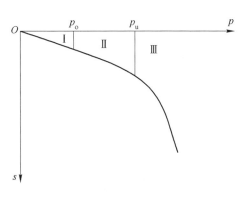

图 7.1　典型的缓变型 $p-s$ 曲线

（1）第 I 阶段。曲线从原点到临塑压力 p_0。该阶段曲线为线性，称之为直线变形阶段。在这个阶段内受荷土体中任意点产生的剪应力小于土的抗剪强度，土体变形主要由于土中孔隙的减少引起，土颗粒主要是竖向变位，且随时间渐趋稳定而土体压密，所以，也称压密阶段。

（2）第 II 阶段。从临塑压力 p_0 到极限压力 p_u。$p-s$ 曲线由直线关系转变为曲线关系，其曲线斜率随压力 p 的增加而增大。这个阶段除土体的压密外，在承压板边缘已有小范围局部土体的剪应力达到或超过了土的抗剪强度，并开始向周围土体发生剪切破坏（产生塑性变形区）；土体的变形由土中孔隙的压缩和土颗粒剪切移动同时引起，土粒同时发生竖向和侧向变位，且随时间不易稳定，称之为局部剪切阶段。

（3）第 III 阶段。极限压力 p_u 以后，沉降急剧增加。这一阶段的显著特点是，即使不施加荷载，承压板也不断下沉，同时土中形成连续的滑动面，土从承压板下挤出，在承压板周围土体发生隆起及环状或放射状裂隙，故称之为破坏阶段。该阶段在滑动土体范围内各点的剪应力达到或超过土体的抗剪强度；土体变形主要由土颗粒剪切变位引起，土粒主要是侧向移动，且随时间不能达到稳定。

显然，当建（构）筑物基底附加压力不大于 p_0 时，地基土的强度是完全保证的，且沉降也较小。而当基底附加压力大于 p_0 小于 p_u 时，地基土体不会发生整体破坏，但建（构）筑物的沉降量较大。

静力载荷试验可用于下列目的：

（1）确定地基土的临塑荷载 p_0、极限荷载 p_u，为评定地基土的承载力提供依据；

（2）估算地基土的变形模量 E_0、不排水抗剪强度 C_u 和基床反力系数 K。

7.4.1.2　静力载荷试验装置

载荷试验的装置由承压板、加荷装置及沉降观测装置等组成。其中承压板一般为方形或圆形板；加荷装置包括压力源、载荷台架或反力架，加荷方式可采用重物加荷和油压千斤顶反压加荷两种方式；沉降观测装置由百分表、沉降传感器和水准仪组成。静力载荷试验装置如图 7.2 所示。

试验加荷方法应采用分级维持荷载沉降相对稳定法或沉降非稳定法。试验的加载标准：试验的第一级荷载应接近卸去土的自重。每级荷载增量一般去被试土层预估极限承载力 10% ~ 12.5%。施加的总荷载应尽

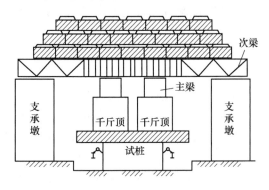

图 7.2　静力载荷试验装置示意图

量接近试验土层的极限荷载。荷载的量测精度应达到最大荷载的 1%，沉降值的量测精度应达到 0.01mm。

各级荷载下沉降相对稳定标准一般采用连续 2h 的每小时沉降量不超过 0.1mm，连续 1h 的每 30min 的沉降量不超过 0.05mm。

试验点附近应有取土孔提供土工试验指标，或其他原位测试资料，试验后应在承压板中心向下开挖取土试验，并描述 2.0 倍承压板直径（或宽度）范围内土层的结构变化。

静力载荷试验过程中出现下列现象之一时，即可认为土体已达到极限状态，应终止试验：

（1）承压板周围的土体有明显的侧向挤出并发生裂纹；

（2）在 24h 内，沉降随时间趋于等速增加；

（3）荷载 p 增加很小，但沉降量 s 却急剧增大，$p-s$ 曲线出现陡降阶段，相对沉降 $s/b \geqslant 0.06 \sim 0.08$。

7.4.1.3　静力载荷试验资料应用相关问题

在应用载荷试验的成果时，由于加荷后影响深度不会超过 2 倍承压板边长或直径，因此对于分层土要充分估计到该影响阀内的局限性。特别是当表面有一层"硬壳层"，其下为软弱土层时，软弱土层对建（构）筑物沉降起主要作用，它却不受到承压板的影响，因此试验结果和实际情况有很大差异。所以对于地基压缩范围内土层分层时，应该用不同尺寸的承压板或进行不同深度的静力载荷试验，也可以采用其他的原位测试和室内土工试验。

7.4.1.4　静力载荷试验资料应用

静力载荷试验的主要成果为在一定压力下的 $s-t$ 曲线和 $p-s$ 曲线。这些资料可以用于以下几个方面：

（1）确定地基的承载力。根据试验得到的 $p-s$ 曲线，可以按强度控制法、相对沉降控制法或极限荷载法来确定地基的承载力。

（2）确定地基土的变形模量 E_0。根据静力载荷试验的结果，可以计算地基土的变形模量。

（3）估算地基土的不排水抗剪强度 C_u。饱和软黏土的不排水抗剪强度 C_u 可以用快速法载荷试验的极限压力 p_u 来进行估算。

（4）估算地基土基床反力系数 K_S。根据常规法载荷试验的 $p-s$ 曲线可以确定载荷试验基床反力系数 K_v。基准基床反力系数 K_{v1} 可以由载荷试验基床反力系数 K_v 求出，根据基准基床反力系数可以确定地基土的基床反力系数 K_S。

7.4.2　静力触探试验

静力触探是通过一定的机械装置，将一定规格的金属探头用静力压贯入土层中，同时用传感器或直接量测仪表测试土层对触探头的贯入阻力，以此来判断、分析、确定地基土的物理力学性质，如图 7.3 所示。静力触探自 1917 年瑞典正式使用以来，至今已有 100 多年的历史。60 年代初期，我国与其他国家大体上在同一时期发展了电测静力触探，利用电测传感器直接量测探头的贯入阻力，大大提高了量测的精度和工效。同时，具有良好的再现性，并能实现数据的自动采集和自动绘制静力触探曲线，反映土层剖面的连续变化。

静力触探的主要优点是连续、快速、精确；可以在现场直接测得各土层的贯入阻力指标；掌握各土层原始状态（相对于土层被扰动和应力状态改变而言）下有关的物理力学性质。这对于地基土层在竖向变化比较复杂，而用其他常规勘探手段不可能大密度取土或测试来查明土层变化；对于饱和砂土、砂质粉土以及高灵敏度软黏土层中钻探取样往往不易达到技术要求，或者出现无法取样的情况，用静力触探连续压入测试，则显出其独特的优越性。但是，静力触探不足之处表现在不能对土层进行直接观察与鉴别；测试深度一般不超过80m；对于含碎石、砾石的土层及密实砂层一般不适合应用等。

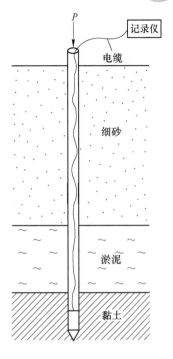

图7.3　静力触探试验示意图

7.4.2.1　静力触探的贯入机理

静力触探的贯入机理是个很复杂的问题，而且影响因素众多。因此，目前土力学还不能完善综合地从理论上解析圆锥探头与周围土体间的接触应力分布及相应的土体变形问题。已有的理论分析可分为三大类：承载力理论分析、孔穴扩张理论分析和稳定管纳入流体理论分析。承载力理论分析大多借助于对单桩承载力的半经验分析，这一理论把贯入阻力视为探头以下的土体受圆锥头的贯入产生整体剪切破坏，由滑动面处土的抗剪强度提供，而滑动面的形状是根据试验模拟或经验假设。承载力理论分析适用于临界深度以上的贯入情况，且对于压缩性土层是不适用的。孔穴扩张理论分析的基本假设要点为：圆锥探头在均质各向同性无限土体中的贯入机理与圆球及圆柱体孔穴扩张问题相似，并将土体作为可压缩的塑性体；也有认为静力触探圆锥探头在土中的贯入与桩的刺入破坏相近，球穴扩张可作为第一近似解。因此，孔穴扩张理论分析适用于压缩性土层。稳定流体理论分析时假定土是不可压缩的流动介质，圆锥探头贯入时受应变控制，根据其相应的应变路径可得到偏应力，并推导出土体中的八面应力。故稳定流体理论适用于饱和软黏土。

7.4.2.2　静力触探试验的目的和适用条件

静力触探试验的主要成果有：比贯入阻力 – 深度（$p_s - h$）关系曲线，锥尖阻力 – 深度（$q_c - h$）关系曲线，侧壁摩阻力 – 深度（$f_s - h$）关系曲线和摩阻比 – 深度（$R_f - h$）关系曲线。$q_c - h$ 曲线与 $f_s - h$ 曲线见图7.4。

静力触探试验成果主要应用于以下几个方面：

（1）划分土层界线。在建（构）筑物的基础设计中，对于地基土结合地质成因，按土的类型及其物理力学性质进行分层是很重要的，特别是在桩基设计中，桩尖持力层的标高及其起伏程度和厚度变化，是确定桩长的重要设计依据。

1）上下层贯入阻力相差不大时，取超前深度和滞后深度的中心，或中心偏向小阻力土层5~10cm处作为分层界线。

2）上下层贯入阻力相差一倍以上时，取软层最后一个贯入阻力小值偏向硬层10cm处作为分层界线。

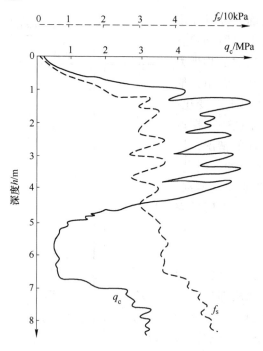

图 7.4　$q_c - h$ 曲线，$f_s - h$ 曲线

3) 上下层贯入阻力无变化时，可结合 f_s 和 R_f 的变化确定分层界线。

（2）评定地基土的强度参数。通过静力触探试验的结果，可以确定黏性土的不排水抗剪强度、砂土的内摩擦角 φ，同时可以用静力触探比贯入阻力 p_s 与标准贯入锤击数 N 作对比来确定地下水位以下粉细砂密实度分级界限值。

（3）评定土的变形参数。大量研究表明，在临界深度以下贯入时，土体压缩变形有着重要作用，q_c 和 E_s 或 E_o 等变形指标有着密切联系。

（4）评定地基土的承载力。关于用静力触探的比贯入阻力确定地基土的承载力基本值 f_o 的方法，我国总结了一般土类的地基承载力基本值的经验关系。

（5）预估单桩承载力。用静力触探试验成果可以估算单桩承载力，计算结果与桩的静力载荷试验结果或较接近或相差不大。

此外，根据静力触探试验结果，还可以判定饱和砂土、粉土的液化。

7.4.3　圆锥动力触探

圆锥动力触探是利用一定的锤击动能，将定规格的圆锥探头打入土中，根据打入土中的阻力大小判别土层的变化，对土层进行力学分层，并确定土层的物理力学性质，对地基土作出工程地质评价，如图 7.5 所示。通常以打入土中一定距离所需的锤击数来表示土的阻力。圆锥动力触探的优点是设备简单、操作方便、工效较高、适应性广，并具有连续贯入的特性。对难以取样的砂土、粉土、碎石类土等，对静力触探难以贯入的土层，动力触探是十分有效的勘探测试手段。圆锥动力触探的缺点是不能采样对土进行直接鉴别描述，试验误差较大，再现性差。

7.4.3.1　动力触探的类型和规格

目前动力触探设备的规格较多，不同设备规格所测得触探指标不同，一般根据表 7.9 分为三种。

7.4.3.2　动力触探的技术要求

（1）应采用自动落锤装置。如抓钩式、偏心轮式、钢球式、滑销式和滑槽式等。脱落方式可分为碰撞式和缩径式两种。前者动作可靠，但如操作不当，易反向撞出，影响试验成果；后者无反向撞击，但导向杆易被磨损发生故障。

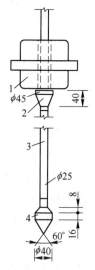

图 7.5　轻型动力触探仪（单位：mm）

1—穿心锤；2—锤垫；
3—触探杆；
4—锥形探头

（2）触探杆连接后的最初 5m 的最大偏斜度不应超过 1%，大于 5m 后的最大偏斜度不应超过 2%。试验开始时，应保持探头与探杆有很好的垂直导向，必要时可以预先钻孔作为垂直导向。锤击贯入应连续进行，不能间断，锤击速率一般为每分钟 15～30 击。在砂土和碎石类土中，锤击速率对试验成果影响不大，锤击速率可增加到每分钟 60 击。锤击过程应防止锤击偏心、探杆歪斜和探杆侧向晃动。每贯入 1m，应将探杆转动约一圈半，使触探杆能保持垂直贯入，并减少探杆的侧向阻力。当贯入深度超过 10m，每贯入 0.2m，即应旋转探杆。

表 7.9 圆锥动力触探类型和规格

圆锥动力触探类型		轻型	重型	超重型
探头规格	直径/mm	40	74	74
	截面积/cm²	12.6	43	43
	锥角/(°)	60	60	60
落锤	锤质量/kg	10±0.1	63.5±0.5	120±1
	自由落距/cm	50±1	76±2	100±2
能量指数/J·cm⁻²		312.7	115.2	2712.1
探杆直径/mm		25	42	60
触探指标/击		贯入 30cm 锤击数 N_{10}	贯入 10cm 锤击数 $N_{63.5}$	贯入 10cm 锤击数 N_{120}
最大贯入深度/m		4～6	12～16	20

（3）试验过程中锤击间歇时间，应做记录。

（4）当贯入 15cm，且 $N_{10}>50$ 击时，即可停止试验；当 $N_{63.5}>50$ 击时，即可停止试验，考虑改用超重型圆锥动力触探。

（5）N_{10} 和 $N_{63.5}$ 的正常范围为 3～50 击；N_{120} 的正常范围为 3～40 击。当锤击数超出正常范围，如遇软黏土，可记录每击的贯入度；如遇硬土层，可记录一定锤击数下的贯入度。

7.4.3.3 动力触探试验的适用范围和目的

动力触探试验适用于强风化、全风化的硬质岩石，各种软质岩石及各类土。其目的有：

（1）定性评价。评定场地土层的均匀性；查明土洞、滑动面和软硬土层界面；确定软弱土层或坚硬土层的分布；检验评估地基土加固与改良的效果。

（2）定量评价。确定砂土的孔隙比、相对密实度、粉土和黏性土的状态、土的强度和变形参数，评定天然地基土承载力或单桩承载力。

7.4.3.4 动力触探试验成果的应用

动力触探试验的主要成果是锤击数和锤击数随深度变化的关系曲线。其主要应用于确定砂土和碎石土的密实度，确定地基土的承载力和变形变量。

（1）根据锤击数和砂土密实度的关系，可以根据锤击数来确定砂土的密实度。

（2）根据《建筑地基基础设计规范》规定，可用 N_{10} 确定地基土的承载力标准值 f_k，见表 7.10。

表 7.10 N_{10} 和黏性土承载力标准值 f_k

N_{10}	15	20	25	30
f_k/kPa	105	145	190	230

（3）确定单桩承载力标准值 R_k。重型动力触探试验对桩基持力层的锤击数 $N_{63.5}$ 与打桩机最后若干锤的平均贯入度有一定的关系，根据这种关系就可以确定打入桩的单桩承载力标准值 R_k。

7.4.4   标准贯入试验

标准贯入试验实质上仍属于动力触探类型之一，所不同的是其触探头不是圆锥形探头，而是标准规格的圆筒形探头（由两个半圆管合成的取土器），根据打入土层中的贯入阻力，评定土层的变化和土的物理力学性质。贯入阻力用贯入器贯入土层中 30cm 的锤击数 $N_{63.5}$ 表示，也称标贯击数。

标准贯入试验开始于 20 世纪 40 年代，在国外有着广泛的应用，我国也于 1953 年开始应用。标准贯入试验结合钻孔进行，国内统一使用直径 42mm 的钻杆，国外也有使用直径 50mm 或 60mm 的钻杆。标准贯入试验的优点在于操作简便，设备简单，土层的适应性广，而且通过贯入器可以采取扰动土样，对它进行直接鉴别描述和有关的室内土工试验，如砂土的颗粒分析试验。本试验对不易取样的砂土、砂质粉土的物理力学性质的评定具有独特意义。标准贯入试验如图 7.6 所示。

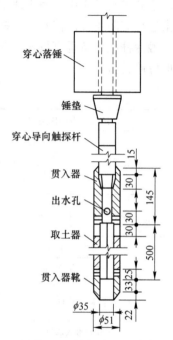

图 7.6   标准贯入试验示意图

7.4.4.1   标准贯入试验设备规格

标准贯入试验设备规格要符合表 7.11 的要求。

表 7.11   标准贯入试验设备规格

落锤	锤的质量/kg	63.5±0.5
	落距/cm	76±2
贯入器	长度/cm	500
	外径/mm	51±1
	内径/mm	35±1
管靴	长度/mm	76±1
	刃口角度/(°)	18~20
	刃口单刃厚/mm	2.5
钻杆（相对弯曲小于1‰）	直径/mm	42

7.4.4.2   标准贯入试验的技术要求

（1）钻进方法。为保证标准贯入试验用的钻孔的质量，应采用回转钻进，当钻进至试验标高以上 15cm 处，应停止钻进。为保持孔壁稳定，必要时可用泥浆或套管护壁。如使用水冲钻进，应使用侧向水冲钻头，不能用底向下水冲钻头，以使孔底土尽可能少扰动。钻孔直径在 63.5～150mm 之间，钻进时应注意以下几点：

1）仔细清除孔底残土到试验标高。

2）在地下水位以下钻进时或遇承压含水砂层，孔内水位或泥浆面始终应高于地下水位足够的高度，以减少土的扰动。否则会产生孔底涌土，降低 N 值。

3）当下套管时，要防止套管下过头，套管内的土未清除。贯入器贯入套管内的土，会使 N 值急增，不反映实际情况。

4）下钻具时要缓慢下放，避免松动孔底土。

（2）标准贯入试验所用的钻杆应定期检查，钻杆相对弯曲小于 1/1000，接头应牢固，否则锤击后钻杆会晃动。

（3）标准贯入试验应采用自动脱钩的自由落锤法，并减小导向杆与锤间的摩阻力，以保持锤击能量恒定，它对 N 值影响极大。

（4）标准贯入试验时，先将整个杆件系统连同静置于钻杆顶端的锤击系统一起下到孔底，在静重下贯入器的初始贯入度需作记录。如初始贯入度已超过 45cm，不作锤击贯入试验，N 值记为零。标准贯入试验分两个阶段进行：

1）预打阶段。先将贯入器打入 15cm，如锤击已达 50 击，贯入度未达 15cm，记录实际贯入度。

2）试验阶段。将贯入器再打入 30cm，记录每打入 10cm 的锤击数，累计打入 30cm 的锤击数即为标贯击数 N。当累计击数已达 50 击（国外也有定为 100 击的），而贯入度未达 30cm，应终止试验，记录实际贯入度 Δs 及累计锤击数 n。

（5）标准贯入试验可在钻孔全深度范围内等间距进行。间距 1.0m 或 2.0m，也可仅在砂土、粉土等欲试验的土层范围内等间距进行。

7.4.4.3 标准贯入试验的目的和范围

标准贯入试验可用于砂土、粉土和一般黏性土，最适用于 $N=2～50$ 击的土层。其试验目的如下：

（1）采取扰动土样，鉴别和描述土类。根据颗粒分析结果对土定名。

（2）根据标准贯入击数 N，并结合地区工程经验，对砂土的密实度，粉土、黏性土的状态，土的强度参数，变形模量，地基承载力等作出评价。

（3）估算单桩极限承载力和判定沉桩的可能性。

（4）判定饱和粉砂、砂质粉土的地震液化可能性及液化等级。

7.4.4.4 标准贯入试验成果的应用

标准贯入试验的主要成果有标贯击数 N 与深度的关系曲线，标贯孔工程地质柱状剖面图。下面简述标贯击数 N 的应用。应该指出，在应用标贯击数 N 评定土的有关工程性质时，要注意 N 值是否做过有关修正。

（1）评定砂土的密实度和相对密度。根据实测的标贯击数 N，对上覆有效压力进行修正，用修正后的标贯击数 N_1（修正为上覆有效压力为 100kPa 的标贯击数）评定砂土的相对密度和密实度。

（2）评定黏性土的状态。标准贯入击数 N 与黏性土的状态存在一定联系，根据标准贯入击数 N 可以确定黏性土的状态。

（3）估算单桩承载力。将标贯击数 N 换算成桩侧、桩端土的极限摩阻力和极限端承力，再根据当地土层情况，可以估算单桩的极限承载力。

（4）判定饱和砂土的地震液化问题。用标准贯入试验锤击数 N 可以判断浅层饱和粉砂及砂质粉土的地震液化可能性和液化等级。评定砂土抗剪强度指标 φ 以及土的变形模量 E_o 和压缩模量 E_s。

7.4.5　十字板剪切试验

十字板剪切试验在我国沿海软土地区应用广泛。十字板剪切试验是快速测定饱和软黏土层快剪强度的一种简易可靠的原位测试方法。这种方法测得的抗剪强度值，相当于试验深度处天然土层的不排水抗剪强度，在理论上它相当于三轴不排水抗剪的总强度，或无侧限抗压强度的一半（$\varphi = 0$）。由于十字板剪切试验不需要采取土样，特别是对于难以取样的灵敏性高的黏性土，它可以在现场基本保持天然应力状态下进行扭剪。长期以来十字板剪切试验被认为是一种有效的、可靠的现场测试方法，与钻探取样室内试样相比，土体的扰动较小，而且试验简便。

但在有些情况下已发现十字板剪切试验所测得的抗剪强度在地基不排水稳定分析中偏于不安全，对于不均匀土层，特别是夹有薄层粉细砂或粉土的软黏性土，十字板剪切试验会有较大的误差。因此将十字板抗剪强度直接用于工程实践时，要考虑到一些影响因素。十字板剪切仪及剪切原理如图 7.7 所示。

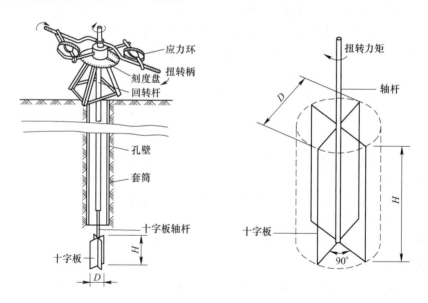

图 7.7　十字板剪切仪及剪切原理

7.4.5.1　十字板剪切试验的技术要求

（1）十字板尺寸。常用的十字板为矩形，高径比为 2。国外使用的十字板尺寸与国内常用的十字板尺寸不同，见表 7.12。

（2）对于钻孔十字板剪切试验，十字板插入孔底以下的深度应大于 5 倍钻孔直径，以保证十字板能在不扰动土中进行剪切试验。

表 7.12 十字板尺寸

十字板尺寸		H/mm	D/mm	厚度/mm
国内		100	50	2~3
		150	75	2~3
国外		125 ± 12.5	62.5 ± 12.5	2

（3）十字板插入土中与开始扭剪的间歇时间应小于 5min。因为插入时产生的超孔隙水压力的消散，会使侧向有效应力增长。

（4）扭剪速率也需很好控制。剪切速率过慢，由于排水导致强度增长。剪切速率过快，对饱和软黏土由于粘滞效应也使强度增长。一般应控制在 1°~2°/10s。

（5）重塑土的不排水抗剪强度，应在峰值强度或稳定值强度出现后，顺剪切扭动方向连续转动 6 圈后测定。

（6）十字板剪切试验抗剪强度的测定精度应达到 1~2kPa。

（7）为测定软黏性不排水抗剪强度随深度的变化，试验点竖向间距应取为 1m，或根据静力触探等资料布置试验点。

7.4.5.2 十字板剪切基本原理

十字板剪切试验包括钻孔十字板剪切试验和贯入电测十字板剪切试验，其基本原理都是对土体施加一定扭矩，将土体剪坏，测定土体因抗剪对试验仪产生的最大扭矩，通过计算得到土体抗剪强度值。

影响十字板剪切试验的因素很多，有些因素，如十字板厚度、间歇时间和扭转速率等，已由技术标准加以控制。但有些因素人为无法控制，例如土的各向异性、剪切面剪应力的非均匀分布、应变软化和剪切破坏直径大于十字板直径等。

7.4.5.3 十字板剪切试验的适用范围

十字板剪切试验适用于灵敏度 $S_t \leqslant 10$，固结系数 $C_v \leqslant 100\text{m}^2/\text{a}$ 的均质饱和软黏性土。其目的有：

（1）测定原位应力条件下软黏土的不排水抗剪强度 C_u；

（2）估算软黏性土的灵敏度 S_t。

7.4.5.4 十字板剪切试验的成果应用

十字板剪切试验成果主要有十字板不排水抗剪强度 C_u 随深度的变化曲线，即 $C_u - h$ 关系曲线。

十字板不排水抗剪强度一般偏高，要经过修正以后，才能用于实际工程问题。

7.4.6 扁铲侧胀试验

扁铲侧胀试验是用静力把一扁铲形探头贯入土中，达测试深度后，利用气压使扁铲侧面的圆形钢膜向外扩张进行试验，它可作为一种特殊的旁压试验。它的优点在于简单、快速、重复性好和价格便宜。

扁胀试验适用于一般黏性土、粉土、中密以下砂土、黄土等，不适用于含碎石的土、风化岩等。

7.4.6.1　扁胀试验的基本原理

扁铲侧胀原理如图 7.8 所示。扁胀测试时膜向外扩张可假设为在无限弹性介质中，在圆形面积上施加均布荷载 Δp，如弹性介质的弹性模量为 E，泊松比为 μ，膜中心的外移为 s，膜的半径为 R，则

$$s = \frac{4 \cdot R\Delta p}{\pi} \frac{1 - \mu^2}{E} \tag{7.1}$$

如果把 $E/(1 - \mu^2)$ 定义为扁胀模量 E_D，s 为 1.10mm，则有

$$E_D = 34.7\Delta p = 34.7(p_1 - p_0) \tag{7.2}$$

而作用在扁铲仪上的原位应力即 p_0，水平有效应力 p_0' 与竖向有效应力 σ_{v0}' 之比，可定义为水平应力指数 K_D：

$$K_D = (p_0 - u_0)/\sigma_{v0}' \tag{7.3}$$

而膜中心外移 1.10mm 所需的压力 $(p_1 - p_0)$ 与土的类型有关，定义扁胀指数 I_D 为

$$I_D = (p_1 - p_0)/(p_0 - u_0) \tag{7.4}$$

可把压力 p_2 当作初始的孔压加上由于膜扩张产生的超空压之和，故可定义扁胀孔压指数 U_D 为

$$U_D = \frac{p_2 - u_0}{p_0 - u_0} \tag{7.5}$$

可以根据 E_D、K_D、I_D 和 U_D 确定土的一系列岩土工程技术参数，并为地基岩土工程问题做出评价。

7.4.6.2　扁胀试验技术要求

（1）试验时，测定三个钢膜位置的压力 A，B，C。

压力 A 为当膜片中心刚开始向外扩张，向垂直扁铲周围的土体水平位移 0.05mm 时作用在膜片内侧的气压。

压力 B 为膜片中心外移达 (1.10 ± 0.03) mm 时作用在膜片内侧的气压。

压力 C 为在膜片外移 1.10mm 后，缓慢降压，使膜片内缩到刚启动前的初始位置时作用在膜片内的气压。

当膜片到达所确定的位置时，会发出一电信号，测读相应的气压。一般三个压力读数 A，B，C 可在贯入后 1min 内完成。

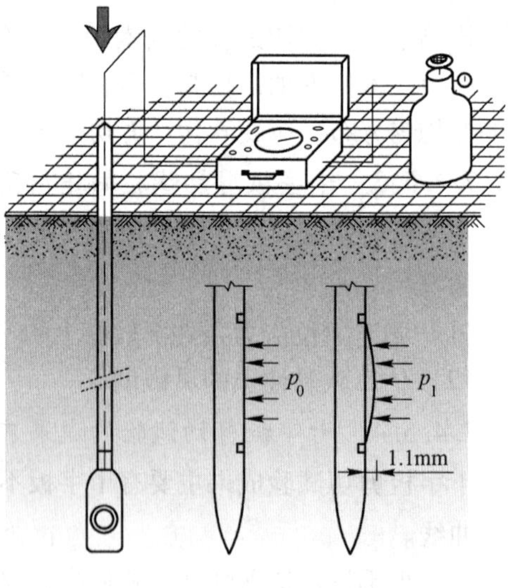

图 7.8　扁铲侧胀原理图

（2）由于膜片的刚度，需通过在大气压下来标定膜片中心外移 0.05mm 和 1.10mm 所需的压力 ΔA 和 ΔB。标定应重复多次取其平均值。

把压力 B 修正为 p_1（膜中心外移 1.10mm）的计算式为：

$$p_1 = B - z_m - \Delta B \tag{7.6}$$

把压力 A 修正为 p_0（膜中心无外移时，即外移 0.00mm）的计算式为：

$$p_0 = 1.05(A - z_m + \Delta A) - 0.05(B - z_m - \Delta B) \tag{7.7}$$

把压力 C 修正为 p_2（膜中心外移后又收缩到初始外移 0.05mm 的位置）的计算式为：

$$p_2 = C - z_m + \Delta A \tag{7.8}$$

（3）当静压扁胀探头入土的推力超过 5t（或用标准贯入的锤击方式，每 30cm 的锤击数超过 15 击）时，为避免扁胀探头损坏，建议先钻孔，在孔底下压探头至少 15cm。

（4）试验点在垂直方向的间距可视为 $0.15 \sim 0.30$m，一般采用 20cm。

（5）试验全部结束，应重新检验 ΔA 和 ΔB 的值。

（6）若要估算原位的水位固结系数 C_h，可进行扁胀消散试验，从卸除推力开始，记录压力 C 随时间 t 的变化，记录时间可按照 1min，2min，4min，8min，15min，30min…安排。直至 C 压力的消散超过 50% 为止。

7.4.6.3 扁胀试验的资料整理

（1）根据 A，B，C 压力及 ΔA、ΔB 计算 p_0，p_1 和 p_2，并绘制 p_0，p_1，p_2 与深度的关系曲线。

（2）绘制 E_D，I_D 和 U_D 与深度的关系曲线。

7.4.6.4 扁胀试验的成果应用

A 划分土类

（1）Marchetti（1980）提出依据扁胀指数 I_D 可以划分土类，见表 7.13。

（2）Marchetti 和 Crapps（1981）则按照图 7.9 对土类进行划分。

（3）Davidson 和 Boghrat（1983）提出用扁胀指数 I_D 和扁胀仪贯入土中 1min 后超孔压的消散百分率（可由压力 C 的消散试验得到），可以划分土类，见图 7.9。

表 7.13 根据扁胀指数 I_D 划分土类

I_D	0.1	0.35	0.6	0.9	1.2	1.8	3.3
泥炭及灵敏性黏土	黏土	粉质黏土	黏质粉土	粉土	砂质粉土	粉质砂土	砂土

B 静止侧压力系数 K_0

扁胀探头压入土中，对周围土体产生挤压，故并不能由扁胀试验直接测定原位初始侧向应力。但通过经验可建立静止侧压力系数 K_0 与水平应力指数 K_D 的关系式。

（1）Marchetti 根据意大利黏土的试验经验，得出

$$K_0 = \left(\frac{K_D}{1.5}\right)^{0.47} - 0.6 \quad (I_D \leqslant 1.2) \tag{7.9}$$

（2）Lunne 等补充资料后，提出对于新近沉积黏土：

$$K_0 = 0.34 K_D^{0.54} \quad (c_u / \sigma_{v0} \leqslant 0.5) \tag{7.10}$$

对于老黏土：

$$K_0 = 0.68 K_D^{0.54} \quad (c_u / \sigma_{v0} > 0.8) \tag{7.11}$$

（3）Lacasse 和 Lunne 根据挪威试验资料提出

$$K_0 = 0.35 K_D^m \quad (K_D < 4) \tag{7.12}$$

式中　m——系数，对高塑性黏土，$m = 0.44$；对低塑性黏土，$m = 0.64$。

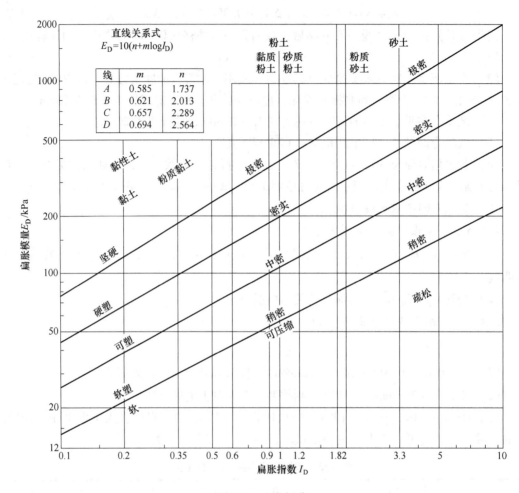

图 7.9　土类划分

C　应力历史

（1）Marchetti 建议，对无胶结的黏性土（$I_D \leq 1.2$），可用 K_D 评定土的超固结比（OCR）：

$$OCR = 0.5K_D^{1.56} \tag{7.13}$$

（2）Lunne 等提出

对新近沉积黏土（$c_u / \sigma_{v0} \leq 0.8$）：

$$OCR = 0.3K_D^{1.17} \tag{7.14}$$

对老黏土（$c_u / \sigma_{v0} > 0.8$）：

$$OCR = 2.7K_D^{1.17} \tag{7.15}$$

D　不排水抗剪强度 c_u

（1）Marchetti 提出

$$c_u / \sigma_{v0} = 0.22(0.5K_D)^{1.25} \tag{7.16}$$

（2）Roque 等提出

$$c_u = \frac{p_1 - \sigma_{h0}}{N_c} \qquad (7.17)$$

式中　σ_{h0}——原位水平应力，由 $\sigma_{h0} = K_0 \cdot \sigma_{v0} + u_0$ 得到，K_0 可由扁胀试验评定；

　　　N_c——经验系数，取 5~9，对于硬黏性土，$N_c = 5$；对于中等黏性土，$N_c = 7$；对于非灵敏可塑黏性土，$N_c = 9$。

E　土的变形参数

Marchetti 指出压缩模量 E_S 与 E_D 的关系如下

$$E_S = R_M \cdot E_D \qquad (7.18)$$

式中　R_M——与水平应力指数 K_D 有关的函数。

当 $I_D \leqslant 0.6$ 时

$$R_M = 0.14 + 2.36 \lg K_D \qquad (7.19)$$

当 $I_D \geqslant 3$ 时

$$R_M = 0.5 + 2 \lg K_D \qquad (7.20)$$

当 $0.6 < I_D < 3.0$ 时

$$R_M = R_{M0} + (2.5 - R_{M0}) K_D \qquad (7.21)$$
$$R_{M0} = 0.14 + 0.15 (I_D - 0.6) \qquad (7.22)$$

当 $I_D > 10$ 时

$$R_M = 0.32 + 2.18 \lg K_D \qquad (7.23)$$

一般

$$R_M \geqslant 0.85 \qquad (7.24)$$

弹性模量 E（初始切线模量 E_i，50%极限应力时的割线模量 E_{50}，25%极限应力时的割线模量 E_{25}）

$$E = F \cdot E_D \qquad (7.25)$$

式中　F——经验系数，其取值见表7.14。

表 7.14　经验系数

土类	E	F	提出者
黏性土	E_i	10	Robertson 等
砂土	E_i	2	Robertson 等
砂土	E_{25}	1	Campanella 等
NC 砂土	E_{25}	0.85	Baldi 等
OC 砂土	E_{25}	3.5	Baldi 等
重超固结黏土	E_i	1.4	Davidsin 等
黏性土	E_i	0.4~1.1	Lutenegger 等

F　水平固结系数 C_h

根据扁胀试验 C 压力的读数，绘制 $C - \sqrt{t}$ 曲线，由曲线确定相应 C 消散50%的时间 t_{50}，则

$$C_h = 600 \left(\frac{T_{50}}{t_{50}} \right) (\text{mm}^2/\text{min}) \tag{7.26}$$

式中 T_{50}——孔压消散50%的时间因数，见表7.15。

表 7.15   时间因数选取

E/c_u	100	200	300	400
T_{50}	1.1	1.5	2.0	2.7

用扁胀试验的结果根据式（7.26）确定的 C_h，由于扁胀探头压入土体相当于再加荷（初始阶段），要确定现场的水平固体系数 $(C_h)_F$ 还需做修正：

$$(C_h)_F = C_h / a \tag{7.27}$$

式中 a——修正系数，见表7.16。

表 7.16   修正系数 a 值

土的固结历史	正常固结	正常超固结	低超固结	重超固结
a	7	5	3	1

G   侧向受荷桩的设计

Robertson 等人对侧向受荷桩做了如下假设：（1）桩为一弹性梁（梁的弹性模量为 E，截面惯性矩为 I）；（2）土的抗力由均匀分布的非线性弹簧模拟。

则有

$$\frac{p}{p_u} = 0.5 \left(\frac{y}{y_c} \right)^{0.33} \tag{7.28}$$

式中 p——桩每单位长度土的侧向抗力，kPa；

      p_u——桩每单位长度土的极限侧向抗力，kPa；

      y_c——相应于 $p = 0.5p_u$ 桩单元体的极限水平变位，mm；

      y——桩单元体的水平变位，mm。

（1）对黏性土（不排水条件）。

$$y_c = \frac{23.67 c_u D^{0.5}}{F_c \cdot E_D} \tag{7.29}$$

式中 c_u——由扁胀试验确定的不排水抗剪强度，kPa；

      D——桩径，cm；

      E_D——扁胀模量，MPa。

      $F_c = E_i / E_D$，E_i 为初始切线模量，$E_i / E_D \approx 10$。

$$p_u = N_p \cdot c_u D \tag{7.30}$$

式中 N_p——无因次极限抗力系数。

$$N_p = 3 + \frac{\sigma'_{v0}}{c_u} + \left(J \frac{x}{D} \right) \leqslant 9 \tag{7.31}$$

式中 x——深度，m；

      σ'_{v0}——深度 x 处的垂直有效力，kPa；

      J——经验系数，见表7.17。

表 7.17 经验系数 *J*

土的类型	*J* 值
软黏性土	0.5
硬黏性土	0.25

（2）对砂性土。

$$y_c = \frac{4.17\sin\varphi' \sigma'_{v0}}{E_D \cdot F_s(1 - \sin\varphi')} \cdot D \tag{7.32}$$

式中 φ'——内摩擦角，（°）。

$F_s = E_i/E_D$，近似值为 2。

Robertson 等建议 p_u 取值按照下式中较小值：

$$p_u = \sigma'_{v0}\left[D(K_p - K_a) + xK_p\tan\varphi'\tan\beta \right] \tag{7.33}$$

$$\beta = 45° + \frac{\varphi'}{2}$$

$$p_u = \sigma'_{v0}D(K_p^3 + K_oK_p^2\tan\varphi' + \tan\varphi' - K_a) \tag{7.34}$$

式中 K_a——朗金主动土压力系数 $\left(K_a = \dfrac{1 - \sin\varphi'}{1 + \sin\varphi}\right)$；

K_p——朗金被动土压力系数 $(K_p \approx 1/K_a)$；

K_0——静止侧压力系数 $(K_0 = 1 - \sin\varphi')$。

7.4.7 旁压试验

旁压试验是将援助性旁压器竖直的放入土中，通过旁压器在竖直的孔内加压，使旁压膜膨胀，并由旁压膜（或护套）将压力传给周围土体（或岩层），使土体或岩层产生变形直至破坏，通过测量施加的压力和土变形之间的关系，即可得到地基土在水平方向上的应力应变关系。

根据将旁压器设置于土中的方法，可以将旁压仪分为预钻式旁压仪、自钻式旁压仪和压入式旁压仪。预钻式旁压仪一般需要有竖向钻孔；自钻式旁压仪利用自转的方式钻到预定试验位置后进行试验；压入式旁压仪以静压方式压到预定试验位置后进行旁压试验。与静载荷试验相对比，旁压试验有精度高、设备轻便、测试时间短等特点，但其精度受成孔质量的影响较大。旁压仪设备结构如图 7.10 所示。

7.4.7.1 旁压试验适用范围

旁压试验适用于测定黏性土、粉土、砂土、碎石土、软质岩石和风化岩的承载力、旁压模量和应力应变关系。

7.4.7.2 旁压试验的技术要求

旁压试验应在有代表性的位置和深度进行。旁压器的量测腔应在同一土层内。为了避免相邻试验点应力影响范围重叠，试验点的垂直间距不宜小于 1m，且每层土测点不应少于 1 个，厚度大于 3m 的土层测点不应少于 2 个。

成孔质量是预钻式旁压试验成败的关键，应保证成孔的质量，不宜在软弱地基中使用。加荷等级可采用预计极限压力的 1/8 ~ 1/12。表 7.18 为《岩土工程勘察规范》规定的加荷等级。

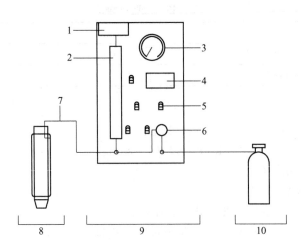

图 7.10　旁压仪设备结构示意图

1—水箱；2—测管；3—精密压力表；4—数据测记装置；5—控制阀门；6—调压阀；7—同轴导压管；
8—旁压器；9—加压稳压、变形测量装置；10—高压气源装置

表 7.18　旁压试验加荷等级

土 的 特 征	加荷等级/kPa	
	临塑压力前	临塑压力后
淤泥、淤泥质土、流塑黏性土、粉土、饱和或松散的粉细砂	≤15	≤30
软塑黏性土、粉土、疏松黄土、稍密很湿粉细砂、稍密中粗砂	15~25	30~50
可塑~硬塑黏性土、粉土、黄土、中密~密实很湿粉细砂、稍密~中密中粗砂	25~50	50~100
坚硬黏性土、粉土、密实中粗砂	50~100	100~200
中密~密实碎石土、软质岩石	≥100	≥200

每级压力持续时间应为 1min 或 3min 再施加下一级压力，读数时间按 15s、30s、60s、120s 和 180s 读数。当加荷接近或达到极限压力，或者量测腔的扩张体积相当于量测腔的固有体积时，应停止旁压试验。需对旁压试验进行率定，率定包括弹性膜约束力的率定、仪器综合变形率定和旁压仪精度率定。

7.4.7.3　旁压试验的成果应用

旁压试验的成果主要为压力和扩张体积（$p-V$）曲线、压力和半径增量（$p-r$）曲线。如图 7.11 所示，典型的 $p-V$ 曲线可以分为三个阶段，Ⅰ 段：初步阶段；Ⅱ 段：似弹性阶段，压力与体积变化量大致呈线性关系；Ⅲ 段：塑性阶段。

Ⅰ~Ⅱ 阶段的界限压力相当于初始水平应力 p_0，Ⅱ~Ⅲ 阶段的界限压力相当于临塑压力 p_f，Ⅲ 阶段末尾渐近线的压力为极限压力 p_1。各个特征压力值的确定方法如下：

（1）p_0 的确定：将旁压曲线（$p-V$）直线段延长与 V 轴交于 V_0。过 V_0 作平行于 p 轴的直线，该直线与旁压曲线交点对应的压力即 p_0 值。

（2）p_f 为旁压曲线中直线的末尾点对应的压力。

（3）p_1 为 $V = 2V_0 + V_c$ 所应对的压力，其中 V_c 为旁压器量腔的固有体积与 p 轴交点相应的压力。

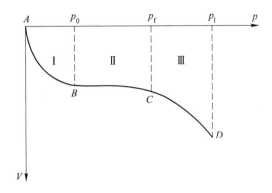

图 7.11　旁压试验成果曲线

旁压试验的成果应用主要有：

（1）利用旁压曲线的特征值可以评定地基承载力。评定方法包括：

1）临塑压力法。地基承载力标准值 f_k 为：

$$f_k = p_f - p_0 \tag{7.35}$$

或

$$f_k = p_f \tag{7.36}$$

2）极限压力法。地基承载力标准值 f_k 为：

$$f_k = \frac{1}{K}(p_1 - p_0) \tag{7.37}$$

式中　K——安全系数。

（2）旁压模量 E_m。

根据弹性理论，旁压模量为：

$$E_m = 2(1 + \mu)(V_c + V_m)\frac{\Delta p}{\Delta V} \tag{7.38}$$

式中　E_m——旁压模量，kPa；

μ——泊松比；

V_m——旁压曲线直线段头尾中间的平均扩张体积，cm^3；

$\Delta p / \Delta V$——旁压曲线直线段斜率，kPa/cm^3。

7.4.8　波速测试

弹性波在地层介质中的传播可分为压缩波（P 波）和剪切波（S 波）；在地层表面传播的面波可分为 R 波和 L 波。它们在介质中传播的特征和速度各不相同。波速测试就是测定土层的波速，依据弹性波在岩土体内的传播速度间接测定岩土体在小应变条件下（$10^{-4} \sim 10^{-6}$）动弹性模量和泊松比。

7.4.8.1　试验方法

试验方法分为跨孔法、单孔法和面波法，见图 7.12。

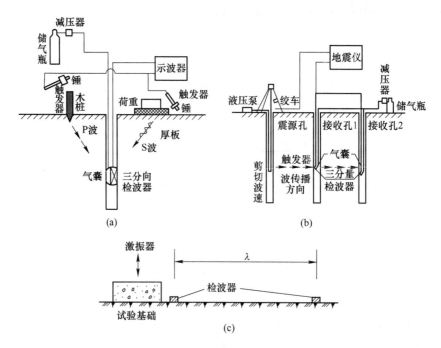

图 7.12　波速测试方法

（a）单孔法；（b）跨孔法；（c）面波法

（1）跨孔法。跨孔法以一孔为激发孔，布置一或两个检波孔。钻孔应平行垂直。当孔深超过 15m 时，应对钻孔的倾斜度及倾斜方位进行量测，量测深度间距宜取 1m，以便对激发孔和检波孔的水平距离进行修正。

（2）单孔法。单孔法试验孔应垂直，在距孔口 1.0~3.0m 处放一长度为 2~3m 的混凝土板或模板，上压约 500kg 重物，用锤沿板纵轴从两个相反方向水平敲击板端，产生水平剪切波，将检波器固定在孔内不同深度处接受剪切波。测量应自下而上进行。在一个试验深度上，应重复试验多次，以保证试验质量。

（3）面波法。面波法波速测试，测定不用激振频率下 R 波的波长，可得地表下一个波长深度范围内土的平均波速。面波法适用于地质条件简单，波速高的土层下伏波速低的土层的场地，测试深度不大。当激振频率大于 20~30Hz，测试深度小于 3~5m。

7.4.8.2　试验成果分析

剪切波速成果图如图 7.13 所示。

根据波的初至时间和激振点与检波点间的距离，可以计算出波在岩土体中的波速。根据波速，可按下列公式计算动剪切模量、动弹性模量和泊松比：

$$V_s = \sqrt{G/\rho} \tag{7.39}$$

$$V_p = \sqrt{(\lambda + 2G)/\rho} \tag{7.40}$$

$$V_R = \left(\frac{0.87 + 1.2\mu}{1 + \mu} \right) V_s \tag{7.41}$$

$$G = \frac{E}{2(1 + \mu)} \tag{7.42}$$

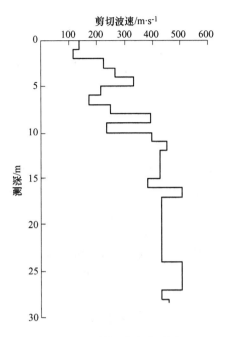

图 7.13　剪切波速成果图

$$\lambda = \frac{\mu E}{(1+\mu)(1-2\mu)} \qquad (7.43)$$

式中　V_s，V_p，V_R——分别为剪切波波速、压缩波波速和瑞利波波速，m/s；

G——土的剪切模量，N；

E——土的弹性模量，N；

μ——土的泊松比；

ρ——土的密度，kg/m^3。

复习思考题

7-1　简述工程地质勘察的目的及意义。

7-2　工程地质勘察的阶段有哪些，它们的要求分别是什么？

7-3　什么是工程地质勘探，其主要方法有哪些？

7-4　什么是工程地质测绘，其目的和研究内容是什么？

7-5　工程地质原位测试方法有哪些，它们有什么优缺点？

滑坡灾害及其防治

8.1 滑坡定义

在自然地质作用和人类活动等因素的影响下，斜坡岩土体在重力作用下失去原有的稳定状态，沿着斜坡内某些滑动面（或滑动带）作整体向下滑动的过程和现象，称为滑坡。首先，滑动的岩土体具有整体性，除了滑坡边缘线一带和局部会产生较少的崩塌和裂隙外，其保持着岩土体原有的整体性；其次，斜坡上岩土体的移动方式为滑动，因而滑坡体的下缘常为滑动面或滑动带的位置；此外，大规模的滑坡一般为缓慢下滑，其下滑速度多在突变加速阶段才显著，有时会造成灾难性的后果。有些滑坡滑动速度开始就很快，这种滑坡经常发生在滑坡体的表层，称为崩塌性滑坡。

如图 8.1 所示，一个发育完全的比较典型的滑坡具有如下的基本构造特征。

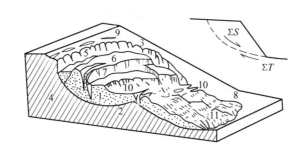

图 8.1　滑坡形态要素图

1—滑坡体；2—滑动面；3—滑坡周界；4—滑坡床；5—滑坡后壁；6—滑坡台地；7—滑坡台坎；
8—滑坡舌；9—后缘拉张裂缝；10—鼓张裂缝；11—扇形张裂缝

（1）滑坡体。斜坡上脱离山坡稳定部分的滑动岩土体称为滑坡体，它不包括滑后在后壁及两侧壁上再坍塌的岩土。

（2）滑动面。滑坡体沿其滑动的面称为滑动面，它可能是滑动带的底面，也可能是滑动带中间的面。

（3）滑坡周界。滑坡体和周围不动体在平面上的分界线称为滑坡周界。

（4）滑坡床。滑坡床指滑面下未动岩土体，它完全保持原有的结构和构造，但在滑动周界处可出现不同性质的裂隙。

（5）滑坡后壁。滑坡体后缘和不动体脱离的暴露在外面的分界面称为滑坡后壁。

（6）滑坡台地。由于各段土体滑动速度差异，在滑坡体上面形成略向后倾的台阶状的错台，称为滑坡台地。

（7）滑坡台坎。滑坡台地前缘比较陡的破裂壁称为滑坡台坎。

（8）滑坡舌。滑坡舌又称为滑坡头部，为滑坡体前部如舌状向前伸出的部分，河谷中的滑坡，滑坡舌往往因河流冲刷而只残留一些孤石。

（9）后缘拉张裂缝。在斜坡将要滑动时，由于拉力的作用，在滑坡体的后部产生一些张口的弧形裂缝，有些产生于距滑坡后壁较远的地方，与滑坡后壁相重合的拉张裂缝叫做主裂缝。斜坡上拉张裂缝的出现是产生滑坡的前兆。

（10）鼓张裂缝。鼓张裂缝位于滑坡体下部，平面上往往形成断续弧形，并与扇形裂缝大致垂直，为头部挤压形成。

（11）扇形张裂缝。滑坡体向下滑动时，滑坡舌向两侧扩散，形成放射状的张开裂缝，称为扇形张裂缝，亦称为滑坡前缘放射状裂缝。

滑坡的特殊地表形态只有新生滑坡或形成不久的滑坡才具备。发生时间较久的老滑坡，由于人类工程活动和水流冲刷、风化等作用，使滑坡的地表形态遭受破坏，以致不易观察出来。此时，则需要对比分析周围的地形地物，方能识别。

8.2 滑坡的形成条件

自然界中无论天然斜坡还是人工边坡都不是固定不变的。在各种自然因素和人为因素的影响下，斜坡一直处于不断发展和变化之中。滑坡形成的条件主要有地形地貌、地层岩性、地质构造、水文地质条件和人为活动等因素。

8.2.1 地形地貌

斜坡的高度、坡度、形态和成因与斜坡的稳定性有着密切的关系。高陡斜坡通常比低缓斜坡更容易失稳而发生滑坡。斜坡的成因、形态反映了斜坡的形成历史、稳定程度和发展趋势，对斜坡的稳定性也会产生重要的影响。如山地的缓坡地段，由于地表水流动缓慢，易于渗入地下，因而有利于滑坡的形成和发展。山区河流的凹岸易被流水冲刷和掏蚀，当黄土地区高阶地前缘坡脚被地表水侵蚀和地下水浸润时，这些地段也易发生滑坡。基岩沿构造而滑动，地形坡度需 $30° \sim 40°$；松散层沿层面滑动，地形坡度需大于 $20°$。下陡中缓上陡、上部成环状的坡形是产生滑坡的有利地形。此外滑坡还取决于坡上坡下的相对高度，比高越大，滑坡规模越大；比高过小，即使有较大的地形坡度也不会产生滑坡。因此，滑坡多发生在山地丘陵地区。

8.2.2 地层岩性

地层岩性是滑坡产生的物质基础。虽然不同地质时代、不同岩性的地层中都可能形成滑坡，但滑坡产生的数量和规模与岩性有密切的关系。容易发生滑动的地层和岩层组合有第四系黏性土、黄土与下伏三趾马红土及各种成因的细粒沉积物，第三系、白垩系及侏罗系的砂岩与页岩、泥岩的互层，煤系地层，石炭系的石灰岩与页岩、泥岩互层，泥质岩的变质岩系，质软或易风化的凝灰岩等。这些地层岩性软弱，在水和其他外营力作用下因强度降低而易形成滑动带，从而具备了产生滑坡的基本条件。因此，这些地层往往称为易滑地层。

8.2.3 地质构造

地质构造与滑坡的形成和发展的关系主要表现在两个方面：

（1）滑坡沿断裂破碎带往往成群成带分布。

（2）各种软弱结构面（如断层面、岩层面、节理面、片理面及不整合面等）控制了滑动面的空间展布及滑坡的范围。如常见的顺层滑坡的滑动面绝大部分是由岩层层面或泥化夹层等软弱结构面构成的。

8.2.4　水文地质条件

各种软弱层、强风化带因组成物质中黏土成分多，容易阻隔、汇聚地下水，如果山坡上方或侧方有丰富的地下水补给，则这些软弱层或风化带就可能成为滑动带而诱发滑坡。地下水在滑坡的形成和发展中所起的作用表现为：

（1）地下水进入滑坡体增加了滑体的重量，滑带土在地下水的浸润下抗剪强度降低。

（2）地下水位上升产生的静水压力对上覆不透水岩层产生浮托力，降低了有效正应力和摩擦阻力。

（3）地下水与周围岩土体长期作用改变岩土的性质和强度，从而引发滑坡。

（4）地下水运动产生的动水压力对滑坡的形成和发展起促进作用。

8.2.5　气候条件

暴雨或长期降雨，以及融雪水可使斜坡岩土体饱和水分，增强润滑作用，降低斜坡的稳定性，因此滑坡多发生在雨季或春季冰雪融化时，尤其在大雨、暴雨、久雨时发生的滑坡更多，如图 8.2 所示。

图 8.2　滑坡多发生在雨季

8.2.6　人类活动

人工开挖边坡或在斜坡上部加载，改变了斜坡的外形和应力状态，增大了滑体的下滑力，减小了斜坡的支撑力，从而引发滑坡。铁路、公路沿线发生的滑坡多与人工开挖边坡有关。人为破坏斜坡表面的植被和覆盖层等人类活动均可诱发滑坡或加剧已有滑坡的发展。

8.2.7 震动触发条件

剧烈震动减小摩擦阻力，破坏边坡平衡，导致滑坡发生，如地震、人工爆破等。

8.3 滑坡的成因机制

8.3.1 滑动面与斜坡稳定性的关系

滑动面（带）是滑坡形成演化的关键要素。滑动面（带）的埋深在很大程度上决定了滑坡体的规模，其形状直接控制着滑坡体的稳定状态，是滑坡研究、勘测、稳定性分析、灾害预测预报以及工程处理的重要对象或依据。

典型的滑坡滑动面由陡倾的拉张段（后段）、缓倾的滑移段（中段）和平缓以至反翘的阻滑段（前段）三部分组成，在剖面上状似船底。受各种因素的影响，滑动面的总体真实形态可表现为直线形、折线形、圈椅形、阶梯形等形状。

直线形滑动面主要形成于具有单一结构面的坡体中，即多形成于层状岩土体（包括层状火山岩）内或堆积层下伏基岩面和堆积层内的沉积间断面上。其特点是地层倾角小于坡面倾角，前缘在坡脚附近及以上位置剪出，后缘与上方斜坡面相交，呈一倾斜的平面。直线形滑动面不存在前缘反翘抗滑段，故稳定性差、危害大。

折线或阶梯形滑面多发生在滑面坡角大于岩层倾角的斜坡地带，滑面由节理或层理等软弱结构面组成，在纵剖面上呈阶梯状折线。

圈椅形滑动面的中部顺层段一般不发育，前缘段的长短取决于滑坡规模和所处岩层的结构面的发育程度，对滑坡的稳定起着重要作用。

船底形滑面滑坡多发育在土质边坡，其后缘较陡，倾角大多在60°以上。在蠕变阶段，滑坡后缘首先出现弧状拉张裂隙，是滑坡预报的重要依据。中部滑面一般比较平缓，倾角多小于20°，但长度占整个滑面的一半以上，是滑坡的主滑段。前缘平缓甚至反倾，形成抗滑段。当主滑体滑至滑面前缘时，大多数滑坡已趋于稳定。

8.3.2 滑坡的发育阶段

滑坡的发育是一个缓慢而长期的变化过程。通常将滑坡的发育过程划分为三个阶段，即滑前变形阶段、滑动破坏阶段和压密稳定阶段。研究滑坡发育过程对于认识滑坡和正确地选择防治措施都有重要的意义。

8.3.2.1 滑前变形阶段

可细分为蠕动变形阶段、等速变形阶段、加速变形阶段和临滑阶段。

（1）蠕动变形阶段。后缘产生断续的不规则的拉裂缝，但无明显的错落、下沉；两侧、中部和前缘无明显的变形形迹。

（2）等速变形阶段。各弧形拉张裂缝端部可能互相交错，开始出现错落下沉；两侧出现间断的羽状裂缝，滑坡体局部出现隆起、沉陷。

（3）加速变形阶段。不连续剪切滑移面迅速扩展，剪断剪切滑移面间的岩土"固锁段"，逐渐形成贯通性剪切滑移面。后缘弧形拉张裂缝趋于连接，加大加深，滑坡体错落下沉；两侧羽状裂缝加强，出现顺两侧壁方向的剪张裂缝，并与后缘弧形裂缝趋于连通，呈现整体滑移边界；前缘出现轻微鼓胀。

（4）临滑阶段。后缘弧形裂缝贯通，形成弧形拉裂圈，并与两侧剪张裂缝连接，呈现整体滑移边界，滑体出现明显错落下沉，后缘壁明显；前缘鼓胀，并出现鼓胀裂缝或放射状裂缝；前端滑床挤压褶皱，并有挤压裂缝，或岩层倾角变陡，或挤压破碎等现象。

从蠕动变形阶段→等速变形阶段→加速变形阶段→临滑阶段，经历的时间有长有短，长者可达数十年，短者仅数月或几天时间。

8.3.2.2   滑动破坏阶段

滑动破坏阶段是指滑动面贯通后，滑坡开始作整体向下滑动的阶段。此时滑坡后缘迅速下陷，滑壁明显出露；有时滑体分裂成数块，并在坡面上形成阶梯状地形。滑体上的树木倾斜形成"醉汉林"，水管、渠道等被剪断，各种建（构）筑物严重变形以致倒塌。随着滑体向前滑动，滑坡体向前伸出形成滑坡舌，并使前方的道路、建（构）筑物遭受破坏或被掩埋。发育在河谷岸坡的滑坡，或者堵塞河流，或者迫使河流弯曲转向。

这一阶段滑坡的滑动速度主要取决于滑动面的形状和抗剪强度、滑体的体积以及滑坡在斜坡上的位置。如果滑带土的抗剪强度变化不大，则滑坡不会急剧下滑，一般每天只滑动几毫米。在滑动过程中若滑带土的抗剪强度快速降低，滑坡就会以每秒几米甚至几十米的速度下滑。这种高速下滑的大型滑坡在滑动中常伴有巨响并产生很大的气浪，从而危害更大。

8.3.2.3   压密稳定阶段

滑坡体在滑动过程中具有一定的动能，可以滑到很远的地方。但在滑面摩擦阻力的作用下，滑体最终要停止下来。滑动停止后，除形成特殊的滑坡地形外，滑坡岩土体结构和水文地质条件等都发生了一系列变化。

在重力作用下，滑坡体上的松散岩土体逐渐压密，地表裂缝被充填，滑动面（带）附近的岩土强度由于压密，固结程度提高，整个滑坡的稳定性也有所提高。当滑坡坡面变缓、滑坡前缘无渗水、滑坡表面植被重新生长的时候，说明滑坡已基本稳定。滑坡的压密稳定阶段可能持续几年甚至更长的时间。

实际上，滑坡的滑动过程是非常复杂的，并不完全遵循上述三个发展阶段。如黄土或黏性土滑坡一般没有蠕动变形阶段，在强大震动力的作用下可突然发生滑坡灾害。

8.4   滑坡分类

为了认识和治理滑坡，需要对滑坡进行分类。但由于自然界复杂的地质条件和作用因素，各种工程分类的目的和要求又不尽相同，因而可从不同角度进行滑坡分类。

8.4.1   根据滑坡物质组成划分

根据滑坡的物质组成可以将滑坡分为以下四类：

（1）堆积层滑坡。在包括坡积、洪积和残积等各种不同性质的堆积体内滑动或沿堆积体之下的基岩面的滑动。其中坡积层最容易滑动。

（2）黄土滑坡。不同时期的黄土层中的滑坡，多群集出现，常见于高阶地前缘斜坡上或黄土层沿下伏第三纪岩层面滑动。

（3）黏性土滑坡。在黏性土体内或黏性土与其他土层的接触面滑动，也包括与基岩的接触面的滑动。

（4）岩质滑坡。发生在岩质边坡中，沿软弱面、层面、片里面、节理面或沿不同岩层接触面以及较完整的基岩面滑动。

8.4.2 根据滑动面与岩土体结构面产状的关系划分

根据滑动面与岩土体结构面产状的关系可以将滑坡分为以下三类：

（1）均质滑坡。发生在层理不明显的均质黏性土、黄土、碎裂或散体结构岩土体中，滑动面均匀光滑，如图8.3所示。

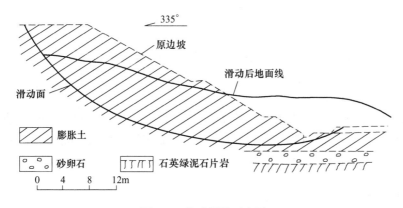

图 8.3　均质滑坡示意图

（2）顺层滑坡。沿岩层面或裂隙面滑动，或沿坡积体与基岩交界面及基岩间不整合面等滑动，多分布在顺倾向的山坡，如图8.4所示。

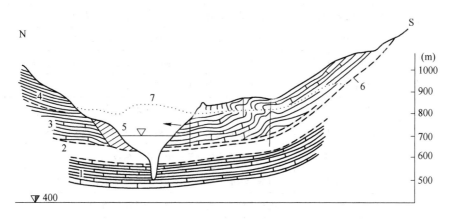

图 8.4　顺层滑坡示意图

（3）切层滑坡。滑动面与岩层相切，常沿倾向山外的一组断裂面发生，滑坡床多为折线形，多分布于逆倾向岩层的山坡，如图8.5所示。

8.4.3 根据滑坡力学性质划分

根据引起滑坡的力学性质可以将滑坡分为以下两类：

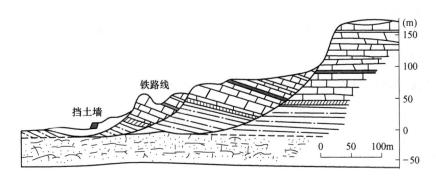

图 8.5　切层滑坡示意图

（1）推移式滑坡。上部岩层滑动挤压下部产生变形，滑动速度较快，多具楔形环谷外貌，滑体表面波状起伏，多见于有堆积物分布的斜坡地段。这类滑坡多发于岩土体强度相对较高，边坡坡度较大的情况。

（2）牵引式滑坡。下部先滑动，使上部失去支撑而变形滑动，一般滑动速度较慢，多具上小下大的塔型外貌，横向张性裂隙发育，表面多呈阶梯状或陡坎状。这类滑坡多发生于坡脚被强烈侵蚀、临空面较高的情况。

8.4.4　规范分类

（1）根据滑坡体的物质组成和结构形式等主要因素，可按表 8.1 对滑坡进行分类。

表 8.1　滑坡主要类型分类

类　型	亚　类	特　征　描　述
堆积层（土质）滑坡	滑坡堆积体滑坡	由滑坡等形成的块碎石堆积体，沿下伏基岩或体内滑动
	崩塌堆积体滑坡	由崩塌等形成的块碎石堆积体，沿下伏基岩或体内滑动
	崩滑堆积体滑坡	由崩滑等形成的块碎石堆积体，沿下伏基岩或体内滑动
	黄土滑坡	由黄土构成，大多发生在黄土体中
	黏土滑坡	由黏土构成，如昔格达组、成都黏土等
	残坡积层滑坡	由花岗岩风化壳、沉积岩残坡积等构成，浅表层滑动
	人工弃土滑坡	由人工开挖堆填弃渣构成，次生滑坡
岩质滑坡	近水平层状滑坡	由基岩构成，沿缓倾岩层或裂隙滑动，滑动面倾角≤10°
	顺层滑坡	由基岩构成，沿顺坡岩层或裂隙面滑动
	切层滑坡	由基岩构成，滑动面与岩层层面相切，常沿倾向坡山外的一组软弱面滑动
	逆层滑坡	由基岩构成，沿倾向坡外的一组软弱面滑动，岩层倾向山内，滑动面与岩层层面相切
变形体	危岩体	由基岩构成，岩体受多组软弱面控制，存在潜在滑动面
	堆积层变形体	由堆积体构成，以蠕滑变形为主，滑动面不明显

（2）根据滑体厚度、运移方式、成因属性、稳定程度、形成年代和规模等其他因素，可按表8.2进行滑坡分类。

表8.2 滑坡其他因素分类

有关因素	名 称 类 别	特 征 说 明
滑体厚度	浅层滑坡	滑坡体厚度在10m以内
	中层滑坡	滑坡体厚度在10～25m之间
	深层滑坡	滑坡体厚度超过25m
运移形式	推移式滑坡	上部岩层滑动，挤压下部产生变形，滑动速度较快，滑体表面波状起伏，多见于有堆积物分布的斜坡地段
	牵引式滑坡	下部先滑，使上部失去支撑而变形滑动。一般速度较慢，多具上小下大的塔式外貌，横向张性裂隙发育，表面多呈阶梯状或陡坎状
发生原因	工程滑坡	由于施工开挖山体或建筑物加载引起的滑坡。还可细分为： （1）工程新滑坡。由于开挖山体或建筑物加载所形成的滑坡； （2）工程复活古滑坡。久已存在的滑坡，由于"斩腰切脚"引起复活的滑坡
	自然滑坡	由于自然地质作用产生的滑坡。按其发生的相对时代，可分为古滑坡、老滑坡、新滑坡
现今稳定程度	活滑坡	发生后仍继续活动的滑坡。后壁及两侧有新鲜擦痕，滑体内有开裂、鼓起或前缘有挤出等变形迹象
	死滑坡	发生后已停止发展，一般情况下不可能重新活动，坡体上植被较盛，常有居民点
发生年代	现代滑坡	现今正在发生滑动的滑坡
	老滑坡	全新世以来发生滑动，现今整体稳定的滑坡
	古滑坡	全新世以前发生滑动的滑坡，现今整体稳定的滑坡
滑体体积	小型滑坡	小于 $10 \times 10^4 m^3$
	中型滑坡	$10 \times 10^4 m^3 \sim 100 \times 10^4 m^3$
	大型滑坡	$100 \times 10^4 m^3 \sim 1000 \times 10^4 m^3$
	特大型滑坡	$1000 \times 10^4 m^3 \sim 10000 \times 10^4 m^3$
	巨型滑坡	大于 $10000 \times 10^4 m^3$

8.5 滑坡的防治

滑坡的防治必须在查明其工程地质条件的基础上，深入分析其稳定性和危害性，找出影响滑坡的因素及相互关系，综合考虑，全面规划，有针对性地采取防治措施。

8.5.1 防治原则

对滑坡的防治应遵循以防为主、整治为辅的原则。具体治理时，可结合具体滑坡的特点，采取排水（地表、地下）、滑坡体下部修筑挡土结构、刷方减重以及改善滑动带（面）内岩土性质等措施进行处理。

8.5.2 防治措施

8.5.2.1 地表排水和地下排水

滑坡滑动多与地表水或地下水活动有关。因此在滑坡防治中往往要设法排除地表水和地下水，避免地表水渗入滑坡体，减少地表水对滑坡岩土体的冲蚀和地下水对滑体的浮托，提高滑带土的抗剪强度和滑坡的整体稳定性。

A 地表排水

目的是拦截滑坡体范围外的地表水流入滑坡体，同时还要使滑坡体范围内的地表水流出滑坡体。主要是设置截水沟和排水明沟系统。截水沟是用来截排来自滑坡体外的坡面径流；在滑坡体上设置树枝状的排水明沟系统，汇聚坡面径流并引出滑坡体。

B 地下排水

为了排除地下水，可以设置各种形式的渗沟或盲沟系统，以截排来自滑坡体外的地下水流。通过地下建筑物拦截，疏干地下水来达到降低地下水位的目的。

当滑坡体表层有积水湿地和泉水露头时，可将排水沟上端做成渗水盲沟，伸进湿地内，达到疏干湿地内上层滞水的目的。渗水盲沟采用不含泥的块石、碎石填实，两侧和顶部做反滤层，如图8.6所示。

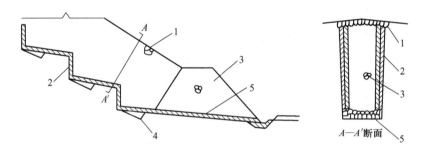

图8.6 滑坡地下排水支撑盲沟断面示意图
1—大块干砌片石；2—反滤层；3—干砌片石；4—浆砌片石；5—牙石

为了拦截滑坡体后山和滑坡体后部深层地下水，以及降低滑坡体内地下水位，要将横向拦截排水隧洞修于滑坡体后缘滑动面以下，与地下水流向基本垂直；纵向排水疏干隧洞可建在滑坡体（或老滑坡）内，两侧设置与地下水流向基本垂直的分支截排水隧洞和仰斜排水孔。

8.5.2.2 支挡

在滑坡体下修筑挡土墙、抗滑桩或用锚杆加固等工程以增加滑坡下部的抗滑力。在使用支挡工程时要明确各类工程的作用。如坡体前缘有水流冲刷，则应首先在河岸作支挡防护。

A 抗滑挡土墙

抗滑挡土墙工程破坏山体平衡小，稳定滑坡收效快，是滑坡整治中经常采用的一种有效措施。对于中小型滑坡可以单独采用；对于大型复杂滑坡，抗滑挡土墙可作为综合措施的一部分。设置抗滑挡土墙时必须弄清滑坡滑动范围、滑动面层数及位置、推力方向及大小等，并要查清挡墙基底的情况，否则会造成挡墙变形，甚至出现挡墙随滑坡滑动，造成工程失效。

抗滑挡墙按其受力条件、墙体材料及结构可分为浆砌石抗滑挡墙、混凝土抗滑挡墙、实体抗滑挡墙、装配式抗滑挡墙和桩板式抗滑挡墙等类型。

挡土墙墙型的选择宜根据滑坡稳定状态、施工条件、土地利用和经济性等因素确定。在地形地质条件允许的情况下，宜采用仰斜式挡土墙；施工期间滑坡稳定性较好且土地价值低时，宜采用直立式挡土墙；施工期间滑坡稳定性较好且土地价值高时，宜采用俯斜式挡土墙，如图 8.7 所示。

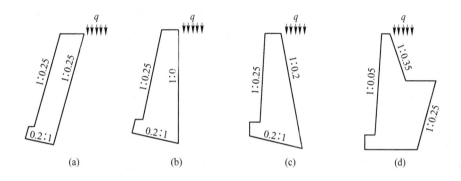

图 8.7 挡土墙断面的一般形式图

（a）仰斜式挡土墙；（b）直立式挡土墙；（c）俯斜式挡土墙；（d）衡重式挡土墙

在设计中可根据地质条件采用特殊形式挡土墙，如减压平台挡土墙、锚定板挡土墙及加筋土挡土墙等，如图 8.8 所示。

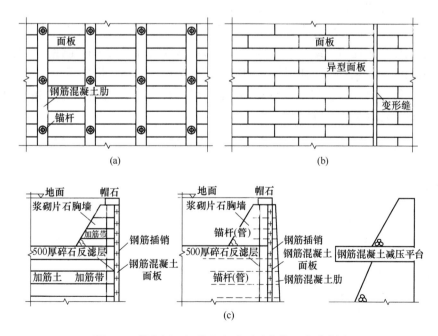

图 8.8 锚定板、加筋土和减压平台挡土墙形式图

B   抗滑桩

抗滑桩是以桩作为抵抗滑坡滑动的工程。抗滑桩是在滑体和滑床间打入若干大尺寸锚固桩并使两者成为一体,从而起到抗滑作用,所以又称锚固桩。桩的材料有木桩、钢板桩、钢筋混凝土桩等。抗滑桩的布置取决于滑体的形态和规模,特别是滑面位置及滑坡推力大小等因素。通常按需要布置成一排或数排。目前多采用钢筋混凝土的挖孔桩,截面多为方形或矩形,其尺寸取决于滑坡推力和施工条件。

C   护坡工程

护坡工程主要是指对滑坡坡面的加固处理,目的是防止地表水冲刷和渗入坡体。对于黄土和膨胀土滑坡,坡面加固护理较为有效。具体方法有混凝土方格骨架护坡和浆砌片石护坡,并在混凝土方格骨架护坡的方格内铺种草皮,亦可采用 SNS 技术喷洒种子增加植被加固斜坡。

8.5.2.3   减重加载

通过在滑坡的抗滑地段加载,主滑地段或牵引地段减重的方法达到治理滑坡的目的。

A   后部主滑地段和牵引地段减重

如果滑坡的滑动方式为推动式,并具有上陡下缓的滑动面,采取后部主滑地段和牵引地段减重的方法可起到治理滑坡的作用。减重时需要经过滑坡推力计算,求出沿各滑动面的推力,才能判断各滑坡体的稳定性。减重不当,不但不能稳定滑坡,还会加剧滑坡的发展。

B   滑坡前部加载反压

加载反压即为在滑坡前部或滑坡剪出口附近填方压脚,以增大滑坡抗滑段的抗滑能力。采用本措施的前提条件是滑坡前缘必须有抗滑地段存在。与减重一样,滑坡前部加载也要经过精确计算才可达到稳定滑坡的目的。

8.5.2.4   改善滑动面(带)的岩土性质

主要是改良岩土性质、结构,以增加滑动带抗剪强度和滑坡体稳定性。主要措施有对岩质滑坡采用固结灌浆;对土质滑坡采用电化学法加固、冻结、焙烧等。

此外,还可针对某些影响滑坡滑动因素进行整治,如防止水流冲刷,降低地下水水位,防止岩石风化等具体措施。

复习思考题

8-1   什么是滑坡,其主要组成包括哪些?

8-2   野外如何识别滑坡?

8-3   滑坡的形成条件是什么?

8-4   滑坡的分类方法有哪些?

8-5   简述滑坡稳定性的影响因素。

8-6   简述滑坡的防治措施及原则。

崩塌灾害及其防治

9.1 崩塌定义

崩塌的过程表现为岩土体顺坡猛烈地翻滚、跳跃，并相互碰撞，最后堆积于坡脚，形成倒石堆。崩塌的主要特征为：下落速度快、发生突然；崩塌体脱离母岩而运动；下落过程中崩塌体自身的整体性受到破坏；崩塌物的垂直位移大于水平位移。具有崩塌前兆的不稳定岩土体称为危岩土体。

9.2 崩塌形成条件

崩塌是在特定自然条件下形成的。地形地貌、地层岩性和地质构造是崩塌的物质基础；降雨、地下水作用、振动、风化作用以及人类工程活动等对崩塌的形成和发展起着重要诱发作用。

9.2.1 地形地貌

地形地貌主要表现在斜坡坡度上。从区域地貌条件看，崩塌形成于山地、高原地区；从局部地形看，崩塌多发生在高陡斜坡处，如峡谷陡坡、冲沟岸坡、深切河谷的凹岸等地带。崩塌的形成要有适宜的斜坡坡度、高度和形态，以及有利于岩土体崩落的临空面。这些地形地貌条件对崩塌的形成具有最为直接的作用。崩塌多发生于坡度大于55°、高度大于30m、坡面凹凸不平的陡峻斜坡上。统计资料表明，75.4%的崩塌落石发生在坡度大于45°的陡坡。坡度小于45°的陡坡，14次均为落石，而无崩塌，而且这14次落石的局部坡度亦大于45°，个别地方还有反倾情况。

9.2.2 地层岩性与岩土体结构

9.2.2.1 地层岩性

岩性对岩质边坡的崩塌具有明显的控制作用。一般来讲，块状、厚层状的坚硬脆性岩石常形成较陡峻的边坡，若构造节理或卸荷裂隙发育且存在临空面，则极易形成崩塌。相反，软弱岩石易遭受风化剥蚀，形成的斜坡坡度较缓，发生崩塌的机会小得多。沉积岩岩质边坡发生崩塌的概率与岩石的软硬程度密切相关。若软岩在下、硬岩在上，下部软岩风化剥蚀后，上部坚硬岩土体常发生大规模的倾倒式崩塌；含有软弱结构面的厚层坚硬岩石组成的斜坡，若软弱结构面的倾向与坡向相同，极易发生大规模的崩塌。页岩或泥岩组成的边坡极少发生崩塌。

岩浆岩一般较为坚硬，很少发生大规模的崩塌。但当垂直节理（如柱状节理）发育并存在顺坡向的节理或构造破裂面时，易产生大型崩塌；岩脉或岩墙与围岩之间的不规则接触面也为崩塌落石提供了有利的条件。变质岩中结构面较为发育，常把岩土体切割成大小不等的岩块，所以经常发生规模不等的崩塌落石。片岩、板岩和千枚岩等变质岩组成的边坡常发育有褶曲构造，当岩层倾向与坡向相同时，多发生沿弧形结构面的滑移式崩塌。土质边坡的崩塌类型有溜塌、滑塌和堆塌，统称为坍塌。按土质类型，稳定性从好到差的顺序为碎石土 > 黏砂土 > 砂黏土 > 裂隙黏土；按土的密实程度，稳定性由大到小的顺序为密实土 > 中密土 > 松散土。

9.2.2.2　岩土体结构

高陡边坡有时高达上百米甚至数百米，在不同部位、不同坡段发育有方向、规模各异的结构面，它们的不同组合构成了各种类型的岩土体结构。各种结构面的强度明显低于岩块的强度，因此，倾向临空面的软弱结构面的发育程度、延伸长度以及该结构面的抗拉强度是控制边坡产生崩塌的重要因素。

9.2.3　地质构造

9.2.3.1　断裂构造对崩塌的控制作用

区域性断裂构造对崩塌的控制作用主要表现为：当陡峭的斜坡走向与区域性断裂平行时，沿该斜坡发生的崩塌较多；在几组断裂交汇的峡谷区，往往是大型崩塌的潜在发生地；断层密集分布区岩层较破碎，坡度较陡的斜坡常发生崩塌或落石。

9.2.3.2　褶皱构造对崩塌的控制作用

位于褶皱不同部位的岩层遭受破坏的程度各异，因而发生崩塌的情况也不一样。主要表现为：褶皱核部岩层变形强烈，常形成大量垂直层面的张节理。在多次构造作用和风化作用的影响下，破碎岩土体往往产生一定的位移，从而成为潜在崩塌体（危岩土体）。如果危岩土体受到震动、水压力等外力作用，就可能产生各种类型的崩塌落石。褶皱轴向垂直于坡面方向时，一般多产生落石和小型崩塌；褶皱轴向与坡面平行时，高陡边坡就可能产生规模较大的崩塌；在褶皱两翼，当岩层倾向与坡向相同时，易产生滑移式崩塌；特别是当岩层构造节理发育且有软弱夹层存在时，可以形成大型滑移式崩塌。

9.2.4　地下水对崩塌的影响

地下水对崩塌的影响表现为：

（1）充满裂隙的地下水及其流动对潜在崩塌体产生静水压力和动水压力。

（2）裂隙充填物在水的软化作用下抗剪强度大大降低。

（3）充满裂隙的地下水对潜在崩落体产生浮托力。

（4）地下水降低了潜在崩塌体与稳定岩土体之间的抗拉强度。

边坡岩土体中的地下水大多数在雨季可以直接得到大气降水的补给，在这种情况下，地下水和雨水的联合作用，使边坡上的潜在崩塌体更易于失稳。

9.2.5　振动对崩塌的影响

地震、人工爆破和列车行进时产生的振动可能诱发崩塌。地震时，地壳的强烈震动可使边坡岩土体中各种结构面的强度降低，甚至改变整个边坡的稳定性，从而导致崩塌的产生。因此，在硬质岩层构成的陡峻斜坡地带，地震更易诱发崩塌。

9.2.6 人类工程活动对崩塌的影响

修建铁路或公路、采石、露天开矿等人类大型工程开挖常使自然边坡的坡度变陡，从而诱发崩塌。如工程设计不合理或施工措施不当，更易产生崩塌，开挖施工中采用大爆破的方法使边坡岩土体因受到振动破坏而发生崩塌的事例屡见不鲜。

9.3 崩塌的力学机制

崩塌一般发生在坚硬岩地区高陡边坡，其形成机理是，高陡边坡在卸荷作用下，应力重分布后在边坡卸荷区形成拉张裂缝，并与其他裂隙和结构面组合，逐步贯通形成危岩土体。崩塌体的大小、物质组成、结构构造、活动方式、运动途径、堆积情况、破坏能量差异较大，但崩塌的产生都是按照一定的模式发展的。按照崩塌发生时受力状况的不同，可将其形成的力学机制分为倾倒崩塌、滑移崩塌、鼓胀崩塌、拉裂崩塌和错断崩塌五种。

9.3.1 倾倒崩塌

在河流峡谷区、黄土冲沟地段或岩溶区等地貌单元的陡坡上，经常见有巨大而直立的岩土体以垂直节理或裂隙与稳定的母岩分开。这种岩土体在断面图上呈长柱状，横向稳定性差。若坡脚不断遭受冲刷掏蚀，在重力作用或较大水平力作用下，岩土体因中心外移倾倒产生突然崩塌。这类崩塌的特点是崩塌体失稳时，以坡脚的某一点为支点发生移动性倾倒，见图9.1。

9.3.2 滑移崩塌

临近斜坡的岩土体内存在软弱结构面时，若其倾向与坡向相同，则软弱结构面上覆的不稳定岩土体在重力作用下具有向临空面滑移的趋势。一旦不稳定岩土体的重心滑出陡坡，就会产生崩塌。除重力外，降水渗入岩土体裂缝中产生的静、动水压力以及地下水对软弱面的润湿作用都是岩土体发生滑移崩塌的主要诱因。在某些条件下，地震也可引起滑移崩塌，见图9.2。

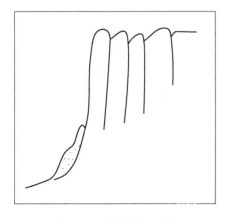

图9.1　倾倒崩塌示意图

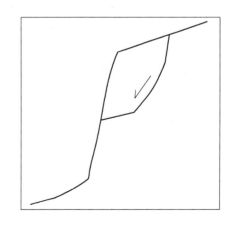

图9.2　滑移崩塌示意图

9.3.3　鼓胀崩塌

若陡坡上不稳定岩土体之下存在较厚的软弱岩层或不稳定岩土体本身就是松软岩层，深大的垂直节理把不稳定岩土体和稳定岩土体分开，当连续降雨或地下水使下部较厚的松软岩层软化时，上部岩土体重力产生的压应力超过软岩天然状态的抗压强度后，软岩即被挤出，发生向外鼓胀。随着鼓胀的不断发展，不稳定岩土体不断下沉和外移，同时发生倾斜，一旦重心移出坡外即产生崩塌。如图9.3所示。

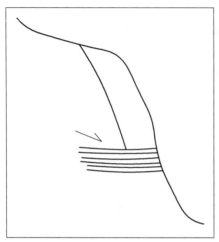

图9.3　鼓胀崩塌示意图

9.3.4　拉裂崩塌

当陡坡由软硬相间的岩层组成时，由于风化作用或河流的冲刷掏蚀作用，上部坚硬岩层在断面上常常突悬出来。在突出的岩土体上，通常发育有构造节理或风化节理。在长期重力作用下，节理逐渐扩展。一旦拉应力超过连接处岩石的抗拉强度，拉张裂缝就会迅速向下发展，导终导致突出的岩土体突然崩落。除重力的长期作用外，震动力、风化作用（特别是寒冷地区的冰劈作用）等都会促进拉裂崩塌的发生，见图9.4。

9.3.5　错断崩塌

陡坡上长柱状或板状的不稳定岩土体，当无倾向坡外的不连续面和较厚的软弱岩层时，一般不会发生滑移崩塌和鼓胀崩塌。但是，当有强烈震动或较大的水平力作用时，可能发生如前所述的倾倒崩塌。此外，在某些因素作用下，可能使长柱或板状

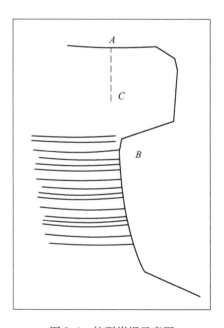

图9.4　拉裂崩塌示意图

不稳定岩土体的下部被剪断，从而发生错断崩塌。悬于坡缘的帽檐状危岩，仅靠后缘上部尚未剪断的岩土体强度维持暂时的稳定平衡。随着后缘剪切面的扩展，剪切应力逐渐接近并大于危岩与母岩连接处的抗剪强度时，则发生错断崩塌。

另外一种错断崩塌的发生机制是：锥状或柱状岩土体多面临空，后缘分离，仅靠下伏软基支撑。当软基的抗剪强度小于危岩土体自重产生的剪应力或软基中存在的顺坡外倾裂隙与坡面贯通时，发生错断、滑移、崩塌。

产生错断崩塌的主要原因是岩土体自重所产生的剪应力超过了岩石的抗剪强度。地壳上升、流水下切作用加强、临空面高差加大等，都会导致长柱状或板状岩土体在坡脚处产生较大的自重剪应力，从而发生错断崩塌。人工开挖的边坡过高过陡也会使下部岩土体被剪断而产生崩塌，见图9.5。

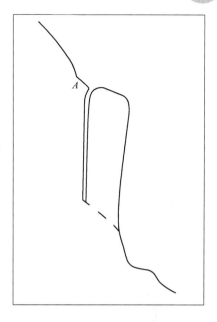

图 9.5 错断崩塌示意图

9.4 崩塌分类

从上述五种崩塌的成因模式看，崩塌体所处的地质条件以及崩塌的诱发因素是多种多样的，但危岩土体开始失稳时的运动形式基本上就是上述的倾倒、滑移、鼓胀、拉裂和错断五种。是否产生崩塌主要取决于这五种初始变形的形成和发展。由此，可将崩塌分为倾倒式崩塌、滑移式崩塌、鼓胀式崩塌、拉裂式崩塌、错断式崩塌。不同类型的崩塌在岩性、结构面特征、地貌、崩塌体形状、岩土体受力状态、起始运动形式和主要影响因素等方面都有各自的特点，见表9.1。

表 9.1　崩塌的类型及其主要特征

类型	岩 性	结 构 面	地貌形态	崩塌体形状	力学机制	失稳因素
倾倒式崩塌	黄土、灰岩等直立岩层	垂直节理、柱状节理、直立岩层面	峡谷、直立岸坡、悬崖等	板状、长柱状	倾倒	水压力、地震力、重力
滑移式崩塌	多为软硬相间的岩层	有倾向临空面的结构面	陡坡，通常大于45°	板状、楔形、圆柱状	滑移	重力、水压力、地震力
鼓胀式崩塌	直立黄土、黏土或坚硬岩石下有厚层软岩	上部垂直节理、柱状节理，下部为近水平的结构面	陡坡	岩体高大	鼓胀	重力、水的软化
拉裂式崩塌	多见于软硬相间的岩层	多为风化裂隙和重力拉张裂隙	上部突出的悬崖	上部硬岩层以悬臂梁形式突出	拉裂	重力
错断式崩塌	坚硬岩石、黄土	垂直裂隙发育，无倾向临空面的结构面	大于45°的陡坡	多为板状、长柱状	错断	重力

在一定条件下，还可能出现一些过渡类型，如鼓胀 - 滑移式崩塌、鼓胀 - 倾倒式崩塌等。

根据边坡失稳破坏的具体位置，可将崩塌分为以下三种类型：

（1）坡体崩塌。沿松弛带以下未松弛的岩土体内一组或几组结构面向临空面滑动产生崩塌。

（2）边坡崩塌。破坏范围限于岩土体松弛带范围之内而产生的崩塌。

（3）坡面崩塌。在斜坡形状和各段坡度基本稳定的条件下，产生坡面岩土坍塌、局部松动掉石。

此外，按崩塌的组成物质，可将崩塌分为崩积土崩塌、表层土崩塌、沉积土崩塌和基岩崩塌四种；按崩塌发生的地貌部位则有山坡崩塌和岸边崩塌两种。

9.5 崩塌防治

9.5.1 崩塌防治的基本原则

崩塌的防治以避让为主，无法避让时采取必要的工程措施进行处理。应在勘察期间鉴别可能发生危岩崩塌的基本条件，并进行合理的避让，若避让有困难，则应采取必要的工程措施，以消除或减缓危岩不稳定的因素发展，创造一个安全稳定的环境。

9.5.2 防治措施

崩塌落石本身涉及少数不稳定的岩块，它们通常并不改变斜坡的整体稳定性，也不会导致有关建（构）筑物的毁灭性破坏。因此，防止崩塌落石造成道路中断、建（构）筑物破坏和人身伤亡是整治崩塌的最终目的。也就是说，防治的目的并不一定要阻止崩塌落石的发生，而是要防止其带来的危害。因此，根据崩塌危害的特点，其防治工程措施可分为两种类型：防止崩塌发生的主动防治和避免造成危害的被动防治（图 9.6）。

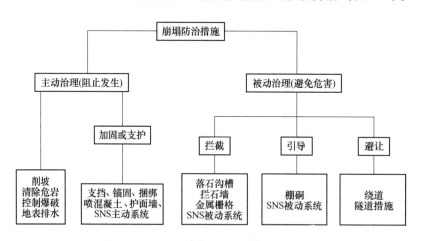

图 9.6 崩塌防治的主要措施

从主动防治和被动防治两个方面，可采取如下具体防治措施：

（1）支撑。对悬于上方、以拉断坠落的悬臂状或拱桥状等危岩，采取墩、柱、墙或其组合形式支撑加固，达到治理目的。

（2）填充。将软弱夹层风化形成的岩腔填充，以起到防止进一步风化和支撑的作用。

（3）锚固。在裂隙较为密集的卸荷裂隙区和危岩区，在清除部分危岩体的基础上，用锚杆加挂网喷护锚固危岩体，以达到减缓卸荷裂隙的产生和卸荷裂隙区的扩展，以及加固已经形成的危岩体的目的。这是防治崩塌最常用的方法，也是适用性最普遍的方法。在设计加固工程时，要充分考虑边坡岩体的结构与裂隙面特征和卸荷裂隙的扩展特征。将卸荷裂隙扩展的牵引带作为重点加固区，布置锚固工程。牵引区加固后可以阻止或减缓扩展区卸荷裂隙的扩张以及卸荷裂隙区的扩展。

（4）护坡、削坡。护坡是对于破碎岩体坡面，常用喷射混凝土加固。削坡减载是指对危岩体上部削坡，减轻上部荷载，增加危岩体的稳定性。削坡减载的费用比锚固和灌浆的费用小得多，但有时会对斜坡下方的建（构）筑物造成一定损害，同时也破坏了自然景观。

（5）清除。对于规模小、危险程度高的危岩体，通常采用爆破或手工方式进行清除，彻底消除崩塌隐患，防止造成灾害。

（6）遮挡。采用明硐或棚硐防治，一方面可遮挡崩落的石块；另一方面又可加固边坡下部而起稳定和支撑作用，一般适用于中、小型崩塌。

（7）拦截。在危岩带下方的斜坡大致沿等高线修建拦石墙，以拦截上方危岩掉块落石。拦石墙可以是刚性的，也可以是柔性的。

（8）线路绕避。对于可能发生大规模崩塌的地段，即使采用坚固的建（构）筑物，也经受不了大型崩塌的破坏，铁路或公路等必须设法绕避。根据当地的具体情况，或绕到河谷对岸、远离崩塌体，或移至稳定山体内以隧道通过。

（9）辅助治理措施。1）排水。修建完善的地表排水系统，将地表径流汇集起来，通过排水沟系统排出坡外。2）灌浆勾缝。封闭裂缝粘接结构面，增强岩体完整性并防止外界环境对岩体强度的弱化。

复习思考题

9-1　什么是崩塌，崩塌是如何形成的？

9-2　崩塌是如何分类的，其主要特征是什么？

9-3　崩塌与滑坡有什么区别和联系？

9-4　简述崩塌的稳定性分析的一般要求。

9-5　如何进行崩塌的危险性分析及灾情评估工作？

9-6　崩塌防治的措施和基本原则有哪些？

10 泥石流灾害及其防治

10.1　泥石流定义

泥石流是山区汛期常见的一种严重的水土流失现象。它常发于山区小流域，是一种饱含泥沙石块和巨砾的固液两相流体，呈黏层流或稀性紊流等运动状态，是地质、地貌、水文、气象、植被等自然因素和人为因素综合作用的结果。

泥石流暴发过程中，有时山谷雷鸣、地面震动，有时浓烟腾空、巨石翻滚；混浊的泥石流沿着陡峻的山涧峡谷冲出山外，堆积在山口。泥石流含有大量泥沙块石，具有发生突然、来势凶猛、历时短暂、大范围冲淤、破坏力极强的特点，常给人民生命财产造成巨大损失。典型泥石流流域如图 10.1 所示。

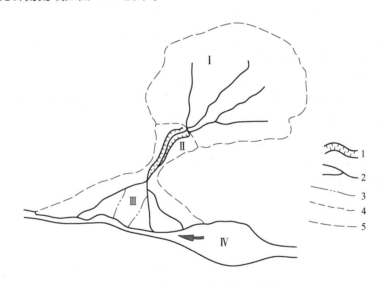

图 10.1　典型泥石流流域示意图

Ⅰ—泥石流形成区；Ⅱ—泥石流流通区；Ⅲ—泥石流堆积区；Ⅳ—泥石流堵塞河流形成的湖泊

1—峡谷；2—有水沟床；3—无水沟床；4—分区界线；5—流域界线

泥石流具有如下三个基本性质，并以此与挟沙水流和滑坡相区分。

（1）泥石流具有土体的结构性，即具有一定的抗剪强度，而挟沙水流的抗剪强度接近于零甚至等于零。

（2）泥石流具有水体的流动性，即泥石流与沟床面之间没有截然的破裂面，只有泥浆润滑面，从润滑面向上有一层流速逐渐增加的梯度层；而滑坡体与滑床之间有一破裂面，流速梯度等于零或趋近于零。

（3）泥石流一般发生在山地沟谷区，具有较大的坡降。

泥石流体是介于液体和固体之间的非均质流体，其流变性质既反映了泥石流的力学性质和运动规律，又影响着泥石流的力学性质和运动规律。无论是接近水流性质的稀性泥石流，还是与固体运动相近的黏性泥石流，其运动状态介于水流的紊流状态和滑坡的块体运动状态之间。泥石流中含有大量的土体颗粒，具有惊人的输移能力和冲淤速度。挟沙水流几年、甚至几十年才能完成的物质输移过程，泥石流可以在几小时，甚至几分钟内完成。由此可见，泥石流是山区塑造地貌最强烈的外营力之一，又是一种严重的突发性地质灾害。根据泥石流发育区的地貌特征，一般可划分出泥石流的形成区、流通区和堆积区。泥石流形成区位于流域的上游沟谷斜坡段，山坡坡度 30°~60°，是泥石流松散固体物质和水源的供给。泥石流流通区位于沟谷的中下游，一般地形较顺直，沟槽坡度大，沟床纵坡降通常在 1.5%~4.0%。泥石流堆积区是泥石流固体物质停积的场所，位于冲沟的下游或沟口处，堆积体多呈扇形、锥形或带形。

10.2 泥石流形成条件

泥石流现象几乎在世界上所有的山区都有可能发生，尤以新构造运动时期隆起的山系最为活跃，遍及全球 50 多个国家。我国是一个多山的国家，山地面积广阔，又多处于季风气候区，加之新构造运动强烈、断裂构造发育、地形复杂，从而成为世界上泥石流最发育、分布最广、数量最多、危害最重的国家之一。泥石流的形成条件概括起来主要是地表大量的松散固体物质、充足的水源条件和特定的地形地貌条件。

10.2.1 物源条件

泥石流形成的物源条件系指物源区土石体的分布、类型、结构、性状、储备方量和补给的方式、距离、速度等。而土石体的来源又决定于地层岩性、风化作用和气候条件等因素。从岩性看，第四系各种成因的松散堆积物最容易受到侵蚀、冲刷。因而山坡上的残坡积物、沟床内的冲洪积物以及崩塌、滑坡所形成的堆积物等都是泥石流固体物质的主要来源。厚层的冰碛物和冰水堆积物则是中国冰川型、融雪型泥石流的固体物质来源。就中国泥石流物源区的土体来说，虽然成因类型很多，但依据其性质和组成结构可划分为碎石土、沙质土、粉质土和黏质土。

沙质土广泛分布于沙漠地区，但因缺少水源很少出现水沙流，而多在风力作用下发生风沙流；粉质土主要分布于黄土高原和西北、西南地区的山谷内，在水流作用下可形成泥流；黏质土以红色土为代表，分布于中国南方地区，是这些地区泥石流细粒土的主要来源。板岩、千枚岩、片岩等变质岩和喷出岩中的凝灰岩等属于易风化岩石，节理裂隙发育的硬质岩石也易风化破碎。这些岩石的风化物质为泥石流提供了丰富的松散固体物质来源。

10.2.2 水源条件

水不仅是泥石流的组成部分，也是松散固体物质的搬运介质形成泥石流的水源主要有大气降水、冰雪融水、水库溃决水、地表水等。中国泥石流的水源主要由暴雨形成，由于降雨过程及降雨量的差异，形成明显的区域性或地带性差异。如北方雨量小，泥石流暴发数量也少；南方雨量大，泥石流较为发育。

10.2.3　地形地貌条件

地形地貌对泥石流的发生、发展主要有两方面的作用：

（1）通过沟床地势条件为泥石流提供势能，赋予泥石流一定的侵蚀、搬运和堆积的能量。

（2）在坡地或沟槽的一定演变阶段内，提供足够数量的水体和土石体。沟谷的流域面积、沟床平均比降、流域内山坡平均坡度以及植被覆盖情况等都对泥石流的形成和发展起着重要的作用。泥石流既是山区地貌演化中的一种外营力，又是一种地貌现象或过程。泥石流的发生、发展和分布无不受到山地地貌特征的影响。

地形陡峭、沟谷坡降大的地貌条件不仅为泥石流的发生提供了动力条件，且由于陡峭地形植被难以生长，在降雨条件下，容易产生崩塌、滑坡，为泥石流的发生提供物源条件。

泥石流的规模和类型受很多因素的影响，除了上述三种以外，还有地震、火山喷发和人类工程活动都有可能引发泥石流。

10.3　泥石流成因机制

10.3.1　泥石流径流特征

从运动角度来看，泥石流是水和泥沙、石块组成的特殊流体，属于一种块体滑动与携沙水流运动之间的颗粒剪切流。因此，泥石流具有特殊的流态、流速、流量及运动特征。

（1）流态特征。泥石流是固相、液相混合流体，随着物质组成及稠度的不同，流态也发生变化。细颗粒物质少的稀性泥石流，流体容重低、黏度小、浮托力弱，呈多相不等速紊流运动的石块流速比泥砂和浆体流速小，石块呈翻滚、跃移状运动。这种泥石流的流向不固定，容易改道漫流，有股流、散流和潜流现象。含细颗粒多的黏性泥石流，流体容重高、黏度大、浮托力强，具有等速整体运动特征及阵性流动的特点。各种大小颗粒均处于悬浮状态，无垂直交换分选现象。石块呈悬浮状态或滚动状态运动。泥石流流路集中，不易分散，停积时堆积物无分选性，并保持流动时的整体结构特征。

（2）流速、流量特征。泥石流流速不仅受地形控制，还受流体内外阻力的影响。由于泥石流挟带较多的固体物质，本身消耗动能大，故其流速小于洪水流速。稀性泥石流流经的沟槽一般粗糙度比较大，故流速偏小。黏性泥石流含黏土颗粒多，颗粒间黏聚力大，整体性强，惯性作用大，故与稀性泥石流相比，流速相对较大。泥石流流量过程线与降水过程线相对应，常呈多峰型。暴雨强度大、降雨时间长，则泥石流流量大；若泥石流沟槽弯曲，易发生堵塞现象，则泥石流阵流间歇时间长，物质积累多，崩溃后积累的阵流流量大。泥石流流量沿流程是有变化的，在形成区流量逐步增大，流通区较稳定，堆积区的流量则沿程逐渐减少。

（3）泥石流的直进性和爬高性。与洪水相比，泥石流具有强烈的直进性和冲击力。泥石流黏稠度越大，运动惯性也越大，直进性就越强；颗粒越粗大，冲击力就越强。因此，泥石流在急转弯的沟岸或遇到阻碍物时，常出现冲击爬高现象。在弯道处泥石流经常越过沟岸，摧毁障碍物，有时甚至截弯取直。

（4）泥石流漫流改道。泥石流冲出沟口后，由于地形突然开阔，坡度变缓，因而流速减小，携带物质逐渐堆积下来。但由于泥石流运动的直进性特点，首先形成正对沟口的堆积扇，从轴部逐渐向两翼漫流堆积；待两翼淤高后，主流又回到轴部。如此反复，形成支岔密布的泥石流堆积扇。

（5）泥石流的周期性。在同一个地区，由于暴雨的季节性变化以及地震活动等因素的周期性变化，泥石流的发生、发展也呈现周期性变化的规律。

10.3.2 泥石流运动机理

泥石流的运动模式主要取决于其物质组成。黏粒的性质与含量决定着泥浆的结构、浓度、强度、黏性和运动状态。根据黏粒含量变化，可将泥石流运动模式划分为塑性蠕动流、黏性阵流、阵性连续流和稀性连续流，它们的运动机理各不相同。

（1）塑性蠕动流。塑性蠕动流的浆体中土水比大于0.8、石土比大于4.0、容重大于$2.3t/m^3$，泥浆具有极高的黏滞力。在运动中石块之间泥浆变形所产生的阻力相当大，泥石流运动速度缓慢，流体中石块大体可保持相对稳定的状态。塑性泥石流流体中，细粒浆体的网状结构十分紧密，呈聚合状，不发生"压缩"沉降，所有的石块被"冻结"在细粒浆体内。静止时，石块既不上浮，也不下沉；运动过程中石块与浆体互不分离，等速前进。当沟床坡度较小、流速较慢时，流体呈蠕流形式前进，在流体边缘石块可发生缓慢转动；当沟床坡度较大、流速较快时，多以滑动流的形式运动，其底部有一层阻力较小的润滑层。因此，塑性泥石流可以认为是土体颗粒被水饱和并具有一定流动性的滑坡体。实际上，许多塑性泥石流是直接由滑坡体演变而来的。

（2）黏性阵流。黏性阵流的浆体中土水比为0.8～0.6，石土比为4.0～1.0，容重为$2.3～1.9t/m^3$。它流速很快，一般为8m/s，最大可达15m/s。泥石流携带的石块数量不如黏性泥石流多，泥浆体的黏滞度也比较小，因此运动能耗小。黏性泥石流的细粒浆体呈蜂窝状或聚合状结构，水充填在结构体中，多呈封闭自由水。沙粒被束缚在结构体中，石块与浆体构成较紧密的格式结构，绝大部分石块悬浮在结构体内。

（3）阵性连续流。阵性连续流的土水比为0.6～0.35，石土比为1.0～0.2，容重为$1.9～1.6t/m^3$。泥浆更接近于流体性质，属过渡性泥浆体。黏滞度进一步减小，起动条件降低，搬运力下降；流体中石块的自由度增大，相互间容易发生碰撞；流体具有一定的紊动特性，石块多呈推移质。

（4）稀性连续流。稀性连续流的土水比小于0.35，石土比为0.2～0.001，容重为$1.6～1.3t/m^3$。泥浆体的黏滞作用很小，接近水流特征，流态紊乱，石块翻滚并相互撞击。

10.4 泥石流分类

泥石流可以根据泥石流的形成环境、流域特征和流体特性等分类。各种分类方法都反映了泥石流的某些特征。尽管分类原则、指标和命名等各不相同，但每一个分类方案均具有一定的科学性和实用性。

10.4.1 根据环境对泥石流的分类

泥石流具有地带性分布规律，环境条件对泥石流的发生、发展有着重大影响。泥石流的环境特征在一定程度上决定或影响着泥石流的组构、性质、规模、频率和危害程度等。

从全球范围看，可将泥石流分为陆地泥石流和水下泥石流两大类。按形成条件，陆地泥石流有地带性泥石流和非地带性泥石流之分。由地带性因素形成雨水泥石流和融水泥石流；非地带性因素形成地震泥石流、火山泥石流、崩塌泥石流、滑坡泥石流、溃决泥石流和人为泥石流等。后者主要分布于地壳强烈隆起的山区或人类活动较强烈的地区。如图10.2所示。

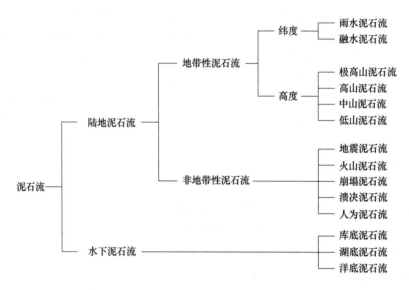

图10.2   泥石流的环境分类图

10.4.2 按流域地貌对泥石流的分类

泥石流流域既是一个泥石流发生、发展的自然单元，又是一个危害人类社会、经济、环境的自然单元，所以也是防治泥石流灾害的基本单元。故可从这些方面的属性指标对泥石流进行分类。

10.4.2.1 据流域自然属性对泥石流的分类

泥石流的水土物质来源于流域，流域为泥石流提供形成、运动和堆积的场所以及势能条件。一个完整的泥石流流域包括形成区、流通区和堆积区。有的泥石流源地上游还有清水（或挟沙水流）汇集区。根据泥石流源地土、水汇集和相互作用的过程与方式，可将泥石流分为两大类8种泥石流，见图10.3。

根据形成过程可将泥石流分为土力类泥石流和水力类泥石流。土力类泥石流的性质一般偏黏性，水力类泥石流偏稀性。它们在下泄过程中因水土补给相对量的变化可发生相互转化。此外，它们与源地泥石流类型没有一致性关系。根据泥石流暴发的频繁程度、分布密度、流体性质和规模等指标，泥石流频率、泥石流沟道数与非泥石流沟道数之比、泥石

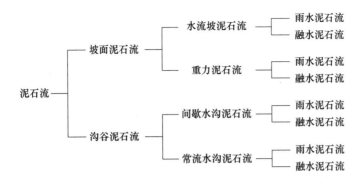

图 10.3　根据源地对泥石流的分类

流源地面积与非源地面积之比、100 年内最大流量、单位流域面积上平均冲刷土体的方量等指标将泥石流分为极强活跃的、强烈活跃的、中等活跃的、轻微活跃的和微弱活跃的五类。

10.4.2.2　按流域社会属性对泥石流的分类

泥石流的社会属性系指泥石流危害（含潜在危害）对象的社会、经济、环境等方面的属性，比如泥石流危险度、危害度、防治能力、防治费用和防治效益等。据这些指标亦可对泥行流进行分类。根据泥石流所造成的损失值与流域内全部社会资产折价比值将泥石流划分为毁灭性、严重、中度、轻微和微弱等五类。

10.4.3　据流态对泥石流的分类

泥石流运动状态是介于水体连续流动和土体块体运动之间的一系列过渡状态，既缺乏水流那样的典型层流流动，又没有土体那样真正的滑动运动。随着泥石流性质和沟床条件的改变，泥石流的流动状态有紊动流、扰动流、层动流、蠕动流和滑动流四种类型。

此外，按泥石流挟带的泥沙物质将泥石流分为泥流、泥石流和水石流三类。

10.5　泥石流防治

为了有效防治泥石流灾害，应从山地环境的特点和泥石流演化发展规律出发，贯彻综合治理的原则，对整个泥石流流域全面规划，并要突出重点；工程措施与生物措施相结合，要因地制宜、因害设防、讲求实效。要充分考虑到防护地区与具体工程的要求。具体防治措施有治理措施和预防措施。

10.5.1　防治原则

泥石流的防治应遵循以下原则：以防为主，防治结合，避强制弱，重点治理；沟谷的上、中、下游全面规划，山、水、林、田综合治理；工程方案应以小为主，中小结合，因地制宜，就地取材。要开展预防监测，宣传普及泥石流的知识，重视制止诱发泥石流的人为活动，保护山地生态环境，防患于未然。开展坡面治理，搞好水土保持，实行合理耕作活动，从根本上解决泥石流的发生。

10.5.2　防治措施

10.5.2.1　治山治水

前面提到设法减少水土流失的问题，在黄土地区，可采用封闭的沟埂，有松散土石层地区，沟底下切沟壁容易滑塌的沟谷，可采用浆砌片石护坡、护壁和保护沟底，如果需要还可加建消力池、护坦或护坝，借以减弱水势。对于滑坍严重的斜坡，应采用稳定滑坡措施，阻止泥沙石坠入沟中。在地形和地质条件较好的河流上游，可考虑修建水库或水塘，积蓄部分暴雨径流，减轻洪水流量。也可用改沟的办法，将流水引往地表层比较稳定的地段通过，使水流不接触松散的泥沙，以达到固本清源的目的。

10.5.2.2　拦截工程

拦截工程大部分设置在形成区的沟道内，不仅可将斜坡流失的砂泥和石块阻拦在未汇合之前，还可使山坡稳定，减轻滑坡或沟壁崩塌。拦截工程也可设置在冲积扇的适当部位，保护农田、道路、房舍等建（构）筑物，防止泥砂流入大河。

（1）拦挡坝一般都沿河成群设置，自上向下修建。可采用土坝，干砌石坝或浆砌石坝等结构形式。土坝应设置溢洪槽和防渗透的坝心，溢洪槽应采用浆砌块石防护，坝下游应有消能措施。浆砌块石坝一般为梯形断面，坝的下游侧面竖直，溢洪道口可设置在坝身中部。

（2）停淤场应设在冲积扇范围内，在沟口设导流坝，泥石流引向预定的处所，使黏性泥石流可黏滞在冲积层表面上，稀性泥水经过黏滞和摩擦消能后也可逐渐停留下来。这样将新的冲积物拦阻在某一区域内，可以保护另一部分冲积扇不受淹没，保护公路路基或农田、农舍不受危害。在地形条件适合，或泥石流通过段的沟道宽阔时，也可将停淤场设在沟谷中。即在沟内修建带溢流口的拦截坝，拦阻泥砂和石块在坝后淤积，如图10.4所示。

图10.4　四川黑水县泥石流谷坊

10.5.2.3　排导工程

将泥石流引导到冲积扇下部堆积，或都排入大河，不让其危害公路或其建（构）筑物，这是排治工程常用的另一种方法。但是，如果任其入大海，将会使河床淤积，促使洪水泛滥，给下游地区造成灾害，从全局考虑，此法不一定可取。在泥石流没有得到根治之前，也可采取某些治标措施，为祸害寻找出路，如减排导沟、渡槽等等。

（1）排导沟最好连接顺直段的天然沟道，沟的尺寸与天然沟大致相同。如果选在天然沟岸不明显的宽阔地段，或者有支沟汇入时，进口应加建八字形堤坝导流。堤坝张开的角度不大于20°，避免坝前淤积加速。沟的横截面采用矩形、梯形或抛物线型。排导沟纵向应顺直，沟底比降应较大。对于稀性泥石流，比降约为3%~5%，对于黏性泥石流，比降应在10%左右。

（2）改沟即在流通段内将泥石流改变流向，使从另一条沟道流出，不致对原冲积扇上的公路或桥梁造成危害。改沟工程须用拦截坝堵住泥石流的原去向，强迫它改道渲泄。改沟的坝址选择、坝身设计高度和坝顶铺砌，都要着眼于引导泥石流顺畅地由新沟道排泄。对于必须转向的沟道，须用较大的圆弧线连接，以免因急转弯而造成泥沙或石块在弯曲的沟道上淤积下来。

（3）用渡槽排泄泥石流，只适用于很少流量。与山区公路的泄水渡槽一样，可用拱式或钢筋混凝土梁式结构跨过公路上方，如图 10.5 所示。如为傍山公路，渡槽只需将泥石流引出公路范围就可以了。

图 10.5　川藏公路泥石流渡槽

复习思考题

10-1　简述泥石流的形成条件。

10-2　泥石流流域可分为哪些区，各有什么特点，如何利用其特点进行防治？

10-3　简述泥石流的地貌作用过程。

10-4　简述泥石流的径流特征及运动特征。

10-5　简述泥石流的防治原则及防治措施。

地面塌陷灾害及其防治

11.1 地面塌陷定义

地面塌陷是指地表岩土体在自然或人为因素作用下，突发性向下陷落并在地面形成塌陷坑（洞）的一种地质现象。当这种现象发生在有人类活动的地区时，便可能成为一种地质灾害。

地下洞室可分为天然和人为两类。天然地下洞穴有岩溶洞穴、土洞（黄土洞穴、红土洞穴、冻胀丘冰核融化形成的土洞等）和熔岩（主要为新生代玄武岩）洞穴。由此，地面塌陷可分为岩溶地面塌陷、土洞地面塌陷和熔岩地面塌陷。其中岩溶地面塌陷和黄土地面塌陷分布广，危害大。人为地下洞室有人防工程、地铁、地下商场、地下车库、停车场、隧洞、下水道、涵洞及窑洞等。其地面塌陷分为事故型和非事故型两类。

地面塌陷一方面使得塌陷区的工程设施（工业与民用建筑、城镇设施、道路路基、矿山及水利水电设施）遭到破坏；另一方面造成严重的水土流失，使得自然环境恶化，影响资源开发利用。

11.2 地面塌陷形成机理

地面塌陷是在特定的地质条件下，因某种自然因素或人为因素触发而形成的地质灾害。地面塌陷的实质是塌陷力与抗塌力综合作用的结果。塌陷力大于抗塌力时，塌陷将随之发生，反之盖层仍保持平衡。由于不同地区的地质条件相差很大，地下洞室拱顶失稳坍塌的主导因素不同，形成地面塌陷的原因很多。塌陷成因的各种观点均是以致塌力为主要论据提出的。

（1）潜蚀论。在地下水流作用下，岩溶洞穴和含盐土洞中的物质和上覆盖层沉积物产生潜蚀、冲刷和掏空作用，岩溶洞穴或溶蚀裂隙中的充填物被水流搬运带走，在上覆盖层底部的洞穴或裂隙开口处产生空洞。若地下水位下降，则渗透水压力在覆盖层中产生垂向的渗透潜蚀作用，土洞不断向上扩展最终导致地面塌陷。

岩溶洞穴或溶蚀裂隙的存在、上覆土层的不稳定是塌陷产生的物质基础，地下水对土层的侵蚀搬运作用是引起塌陷的动力条件。自然条件下，地下水对岩溶洞穴或裂隙充填物质和上覆土层的潜蚀作用很缓慢，规模一般不大；人为抽取地下水，使地下水的侵蚀搬运作用大大加强，促进了地面塌陷的发生和发展。此类塌陷的形成过程大体可分为四个阶段：

1）在抽水、排水过程中，地下水位降低，对上覆土层的浮托力减小，水力坡度增大，水流速度加快，潜蚀作用加强。溶洞充填物在地下水的潜蚀、搬运作用下被带走，松散层底部土体下落、流失而出现拱形崩落，形成隐伏土洞。

2）隐伏土洞在地下水持续的动水压力及上覆土体的自重作用下，产生崩落、迁移，洞体不断向上扩展，引起地面沉降。

3）地下水不断侵蚀、搬运崩落体，隐伏土洞继续向上扩展。当上覆土体的自重压力逐渐接近洞体的极限抗剪强度时，地面沉降加剧，在张性压力作用下，地面开裂。

4）当上覆土体自重压力超过洞体的极限强度时，地面产生塌陷。同时，在其周围伴有开裂现象。这是因为土体在塌落过程中，不但在垂直方向产生剪切应力，还在水平方向产生张力。

潜蚀致塌论解释了某些岩溶地面塌陷事件的成因。按照该理论，岩溶上方覆盖层中若没有地下水或地面渗水以较大的动水压力向下渗透，就不会产生塌陷。但有时岩溶洞穴上方的松散覆盖层中完全没有渗透水流仍会产生塌陷，说明潜蚀作用还不足以说明所有的岩溶地面塌陷的机制（纪万斌等，1993）。

（2）真空吸蚀论。在封闭的岩溶裂隙和通道中，因承压水被快速抽排后，其中出现真空负压，产生真空吸盘吸蚀作用、真空吸蚀作用及旋吸漏斗吸蚀作用等三种破坏覆盖层的作用。这是强调了气动力的作用，当水或泥沙向下运移时，由于地球的自转影响，便可形成旋涡流。这种旋涡在北半球为顺时针"右旋"，在南半球为逆时针"左旋"，在我国所具的这种旋吸作用全为"右旋"，这在野外可直接观测到。

（3）高压冲爆论。在相对封闭的岩溶地段，雨季时地下暗河或岩溶管道中水位暴涨，使岩溶管道中被封闭的气体汇集并受到压缩，形成高压气团。当其积蓄的总能超过上覆盖层的强度时，便沿薄弱部位产生冲爆，冲击波使附近地段的岩体产生破坏，出现应力的突然释放现象，从而有可能导致连续性的地面塌陷。这种现象在地下水位大幅度下降时也可发生。

（4）重力致塌论。岩溶洞穴上覆盖层在自身的重力作用下，逐层剥落或整体下陷造成塌陷的过程和现象，称为重力塌陷。重力塌陷主要发生在地下水位埋藏深，溶洞、土洞发育直径大的地方，很多古岩溶陷落柱属于这种塌陷模式，现代也有这种重力致塌的实例。

（5）振动致塌论。振动会使岩土体产生破裂位移、土体液化等效应，使岩土体强度降低，导致塌陷的形成，称为振动塌陷。这种塌陷常常是由于地震、爆破和机械的振动引起的。其中重要的是要有破裂位移或振动液化效应出现，造成岩土体强度降低并使之陷落。

（6）荷载致塌论。由于溶洞、土洞上部荷载增加，产生的附加应力超过了岩洞（土洞）顶板的允许强度时，压穿溶洞、土洞的过程和现象，称为荷载效应，由此导致的塌陷叫荷载塌陷。

（7）溶蚀致塌论。在含可溶盐成分较高的土层中或一些蒸发岩地区，因地下水（包括排放的酸碱废液）的溶蚀分解作用，使地下溶洞扩大或解散土体，造成岩土体破坏现象和过程，称溶蚀效应。最后在岩土体自重作用下，导致的塌陷叫溶蚀塌陷。

（8）根蚀致塌论。在岩溶洼地或水库的底部因树木根系腐烂形成孔洞，地下水或地表水沿根洞向下渗透，使土层中的颗粒向下方洞体中运动，最后导致洞顶上层塌陷，称为根蚀塌陷。

以上几种单一机理只能解释某种特定条件下形成的塌陷，绝大多数情况下，相对一个具体的塌陷过程与现象而言，都是多种机理综合影响与相互叠加的结果，导致塌陷的形成，有其具体的主导因素和触发条件。

11.3 地面塌陷分类

地面塌陷的形成原因复杂，种类繁多，目前还没有一个明确统一的分类。表 11.1 为国内不同研究者对地面塌陷的一些分类方法。对于前两种分类标志，例如对特大塌陷、重大塌陷、一般塌陷的划分，这些是具体应用中客观存在的事实，并不涉及科学概念的根本分歧，基本上没有太多争议。动力学因素分类方法，自然塌陷与人为塌陷并无绝对界限，两类塌陷有可能互为因果、彼此叠加。有的塌陷很难说是受到自然的或人为的或人为 - 自然复合因素的影响。人类活动对地表自然界干预的加剧，导致了人地关系的失调，破坏了地表自然界的动态平衡。根据承灾体对地面塌陷分类是一个复杂的问题，因为承灾体可以按照不同性质来区分，这种区分主要是按照人类社会系统划分来进行的。不过，由于人类社会系统可以按照不同的性质划分为不同类型的子系统，所以地面塌陷的承灾体分类也是各种各样的。

表 11.1 地面塌陷分类体系

分类标志	灾情分类	影响区域分类	动力因素分类	成因分类
类型	特大坍塌	大区域坍塌	自然坍塌	岩溶坍塌
	重大坍塌	区域坍塌	人为坍塌	矿山坍塌
	一般坍塌	局部坍塌	自然 - 人为坍塌	黄土湿陷

11.4 地面塌陷防治

11.4.1 控水措施

要避免或减少地面塌陷的产生，根本的办法是减少岩溶充填物和第四系松散土层被地下水侵蚀、搬运。

（1）地表水防水措施。在潜在的塌陷区周围修建排水沟，防止地表水进入塌陷区，减少向地下的渗入量。在地势低洼、洪水严重的地区围堤筑坝，防止洪水灌入岩溶孔洞。

对塌陷区内严重淤塞的河道进行清理疏通，加速泄流，减少对岩溶水的渗漏补给。对严重漏水的河溪、库塘进行铺底防漏或者人工改道，以减少地表水的渗入。对严重漏水的塌陷洞隙采用黏土或水泥灌注填实，采用混凝土、石灰土、水泥土、氯丁橡胶、玻璃纤维涂料等封闭地面，增强地表土层抗蚀强度，均可有效防止地表水冲刷入渗。

（2）地下水控水措施。根据水资源条件规划地下水开采层位、开采强度和开采时间，合理开采地下水。在浅部岩溶发育，并有洞口或裂隙与覆盖层相连通的地区开采地下水时，应主要开采深层地下水，将浅层水封住，这样可以避免地面塌陷的产生。在矿山疏干排水时，在预测可能出现塌陷的地段，对地下岩溶通道进行局部注浆或帷幕灌浆处理，减小矿井外围地段地下水位下降幅度，这样既可避免塌陷的产生，也可减小矿坑涌水量。

开采地下水时，要加强动态观测工作，以此用来指导合理开采地下水，避免产生岩溶地面塌陷。必要时进行人工回灌，控制地下水水位的频繁升降，保持岩溶水的承压状态。在地下水主要径流带修建堵水帷幕，减少区域地下水补给。在矿区修建井下防水闸门，建立有效的排水系统，对水量较大的突水点进行注浆封闭，控制矿井突水、溃泥。

11.4.2　工程加固措施

（1）清除填堵法。常用于相对较浅的塌坑或埋藏浅的土洞。首先清除其中的松土，填入块石、碎石形成反滤层，其上覆盖以黏土并夯实。对于重要建（构）筑物，一般需要将坑底与基岩面的通道堵塞，可先开挖然后回填混凝土或设置钢筋混凝土板，也可灌浆处理。

（2）跨越法。用于比较深大的塌陷坑或土洞。对于大的塌陷坑，当开挖回填有困难时，一般采用梁板跨越，两端支承在坚固岩、土体上的方法。对建（构）筑物地基而言，可采用梁式基础、拱形结构，或以刚性大的平板基础跨越、遮盖溶洞，避免塌陷危害。对道路路基而言，可选择塌陷坑直径较小的部位，采用整体网格垫层的措施进行整治。若覆盖层塌陷的周围基岩稳定性良好，也可采用桩基栈桥方式使道路通过。

（3）强夯法。在土体厚度较小、地形平坦的情况下，采用强夯砸实覆盖层的方法消除土洞，提高土层的强度。通常利用 10～12 吨的夯锤对土体进行强力夯实，可压密塌陷后松软的土层或洞内的回填土，提高土体强度，同时消除隐伏土洞和松软带，是一种预防与治理相结合的措施。

（4）钻孔充气法。随着地下水位的升降，溶洞空腔中的水气压力产生变化，可能出现气爆或冲爆塌陷。因此，在查明地下岩溶通道的情况下，将钻孔深入到基岩面下溶蚀裂隙或溶洞的适当深度，设置各种岩溶管道的通气调压装置，破坏真空腔的岩溶封闭条件，平衡其水、气压力，减少发生冲爆塌陷的机会。

（5）灌注填充法。在溶洞埋藏较深时，通过钻孔灌注水泥砂浆，填充岩溶孔洞或缝隙、隔断地下水流通道，达到加固建（构）筑物地基的目的。灌注材料主要是水泥、碎料（砂、矿渣等）和速凝剂（水玻璃、氧化钙）等。

（6）深基础法。对于一些深度较大，跨越结构无能为力的土洞、塌陷，通常采用桩基工程，将荷载传递到基岩上。

（7）旋喷加固法。在浅部用旋喷桩形成一"硬壳层"，在其上再设置筏板基础。"硬壳层"厚度根据具体地质条件和建（构）筑物的设计而定，一般 10～20m 即可。

11.4.3　非工程性的防治措施

（1）开展岩溶地面塌陷风险评价。当前，岩溶地面塌陷评价只局限于根据其主要影响因素和由模型试验获得的临界条件进行潜在塌陷危险性分区，这对岩溶地面塌陷防治决策而言是远远不够的。因此，在岩溶地面塌陷评价中，需开展环境地质学、土木工程学、地理学、城市规划、经济学、管理学等多领域、多学科协作，对潜在塌陷的危险性、生态系统的敏感性、经济与社会结构的脆弱性进行综合分析，才能达到对岩溶地面塌陷进行风险评价的目的。

（2）开展岩溶地面塌陷试验研究。开展室内模拟试验，确定在不同条件下岩溶地面塌陷发育的机理、主要影响因素以及塌陷发育的临界条件，进一步揭示岩溶地面塌陷发育的内在规律，为岩溶地面塌陷防治提供理论依据。

（3）增强防灾意识，建立防灾体系。广泛宣传岩溶地面塌陷灾害给人民生命财产带来的危害和损失，加强岩溶地面塌陷成因和发展趋势的科普宣传。在国土规划、城市建设和资源开发之前，要充分论证工程地质环境效应，预防人为地质灾害的发生。

建立防治岩溶地面塌陷灾害的信息系统和决策系统。在此基础上，按轻重缓急对岩溶地面塌陷灾害开展分级、分期的整治计划。同时，充分运用现代科学技术手段，积极推广岩溶地面塌陷灾害综合勘察、评价、预测预报和防治的新技术与新方法，逐步建立岩溶地面塌陷灾害的评估体系及监测预报网络。

复习思考题

11-1   什么是地面塌陷？试说明地面塌陷的基本特征。

11-2   地面塌陷是如何分类的？

11-3   简述地面塌陷形成机制。

11-4   防止地面塌陷的措施有哪些？

12 地面沉降灾害及其防治

12.1 地面沉降定义

地面沉降是指在一定的地表面积内所发生的地面水平面降低的现象，又称为地面下沉或地陷。在《岩土工程勘察规范》中，地面沉降是指在较大面积（100km² 以上）内由于抽取地下水引起水位下降而造成的地面沉降。地面沉降的特点是波及范围广，下沉速率缓慢，但它对于建（构）筑物、城市建设和农田水利危害极大。

地面沉降灾害在全球各地均有发生，由于城市规模的扩大，大量抽取地下水导致了强烈的地面沉降，特别是大型沉积盆地和沿海平原地区。石油、天然气的开采也可造成大规模的地面沉降灾害。不同地区由于其地质结构与影响因素不同，导致其地面沉降的范围与沉降速率不同。一般而言，地面沉降的面积较大，沉降速率多在80mm/a 以上。表12.1 列出了国内外一些城市地面沉降的主要情况。

表 12.1 一些城市地面沉降主要情况（根据工程地质手册）

地面沉降地区			沉积环境和年代	压密深度范围/m	最大沉降速率 /mm·a⁻¹	最大沉降量/m	地面沉降面积/km²
国别	地区						
中国	上海		冲积、湖泊与滨海相，第四纪	3～300	98	2.63	121
	天津		滨海相，第四纪		262	2.16	135
	台北		冲积与浅海沉积，第四纪	10～240		1.90	235
	太原		冲积，第四纪		207	1.23	254
	常州		冲积，第四纪		90	0.22	200
	湛江		冲积，第四纪	30～200		0.11	140
墨西哥	墨西哥城		冲积，湖相，第四纪和第三纪	0～50	420	9.0	225
日本	东京		冲积和浅海相，晚新生代	0～400	270	4.6	2420
	大阪		冲积和湖泊，第四纪	0～400		2.88	630
	新潟		浅海和湖相，晚新生代	0～1000		2.65	430
	兵库		冲积和湖泊，第四纪	0～200		2.84	100
美国	加利福尼亚州	圣华金流域	洛斯贝洛斯—开脱尔曼市地区	冲积和湖泊，晚新生代	60～900	540	9.0	6200
			图莱里—华兹科地区	冲积，湖相，浅海相，晚新生代	60～700		4.3	3680
			阿尔文—马里科地区	冲积和湖泊，晚新生代	60～500		2.8	1800
		圣克拉拉流域		冲积和浅海相，晚新生代	50～330	220	4.1	650
意大利	波河三角区		冲积，潟湖和浅海相，第四纪	100～600		3.2	2600

12.2 地面沉降形成条件

从地质条件，尤其是水文地质条件来看，疏松的多层含水层体系、水量丰富的承压含水层、开采层影响范围内正常固结或欠固结的可压缩性厚层黏性土层等的存在，都有助于地面沉降的形成。从土层内的应力转变条件来看，承压水位大幅度波动式的持续降低是造成范围不断扩大累进性应力转变的必要前提。

12.2.1 厚层松散细粒土层的存在

地面沉降主要是抽采地下流体引起土层压缩而引起的，厚层松散细粒土层的存在则构成了地面沉降的物质基础。在广大的平原、山前倾斜平原、山间河谷盆地、滨海地区及河口三角洲等地区分布有很厚的第四系和上第三系松散或未固结的沉积物，因此，地面沉降多发生于这些地区。如在滨海三角洲平原，第四纪地层中含有比较厚的淤泥质黏土，呈软塑状态或流动状态。这些淤泥质黏性土的含水量可高达60%以上，孔隙比大、强度低、压缩性强，易于发生塑性流变。当大量抽取地下水时，含水层中地下水压力降低，淤泥质黏土隔水层孔隙中的弱结合水压力差加大，使孔隙水流入含水层，有效压力加大，结果发生黏性土层的压缩变形。易于发生地面沉降的地质结构为砂层、黏土层互层的松散土层结构。随着抽取地下水，承压水位降低，含水层本身及其上、下相对隔水层中孔隙水压力减小，地层压缩导致地面发生沉降。

12.2.2 长期过量开采地下流体

未抽取地下水时，黏性土隔水层或弱隔水层中的水压力与含水层中的水压力处于平衡状态。抽水过程中，由于含水层的水头降低，上、下隔水层中的孔隙水压力较高，因而向含水层排出部分孔隙水，结果使上、下隔水层的水压力降低。在上覆土体压力不变的情况下，黏土层的有效应力加大，地层受到压缩，孔隙体积减小。这就是黏土层的压缩过程。

由于抽取地下水，在井孔周围形成水位下降漏斗，承压含水层的水压力下降，即支撑上覆岩层的孔隙水压力减小，这部分压力转移到含水层的颗粒上。因此，含水层因有效应力加大而受压缩，孔隙体积减小，排出部分孔隙水。这就是含水层压缩的机理。

地面沉降与地下水开采量和动态变化有着密切联系：

（1）地面沉降中心与地下水开采漏斗中心区呈明显一致性。

（2）地面沉降区与地下水集中开采区域大体相吻合。

（3）地面沉降量等值线展布方向与地下水开采漏斗等值线展布方向基本一致，地面沉降的速率与地下液体的开采量和开采速率有良好的对应关系。

（4）地面沉降量及各单层的压密量与承压水位的变化密切相关。

（5）许多地区已经通过人工回灌或限制地下水的开采来恢复和抬高地下水位的办法，控制了地面沉降的发展，有些地区还使地面有所回升。这就更进一步证实了地面沉降与开采地下液体引起水位或液压下降之间的成因联系。

12.2.3 新构造运动的影响

平原、河谷盆地等低洼地貌单元多是新构造运动的下降区，因此，由新构造运动引起的区域性下沉对地面沉降的持续发展也具有一定的影响。

西安地面沉降区位于西安断陷区的东缘，由于长期下沉，新生界累计厚度已经超过300m。1970～1987 年，渭河盆地大地水准测量表明，西安的断陷活动仍在继续，在北部边界以渭河断裂及东南部边界临潼－长安断裂测得的平均活动速率分别为 3.37mm/a 和3.98mm/a，构造下沉约占同期各沉降中心部位沉降速率的 3.1%～7%。

12.2.4 城市建设对地面沉降的影响

相对于采抽采地下流体和构造运动引起的地面下沉，城市建设造成的地面沉降是局部的，有时也是不可逆转的。

城市建设按施工对地基的影响方式可分为以水平方向为主和以垂直方向为主的两种类型。前者以重大市政工程为代表，如地铁、隧道、给排水工程、道路改扩建等，利用开挖或盾构掘进，并铺设各种市政管线。后者以高层建筑基础工程为代表，如基坑开挖、降排水、沉桩等。沉降效应较为明显的工程措施有开挖、降排水、盾构掘进、沉桩等。

若揭露有流沙性质的饱水砂层或具有流变特性的饱和淤泥质软土，在开挖深度和面积较大的基坑时，则有可能造成支护结构失稳，从而导致基坑周边地区地面沉降。而大规模的隧道、涵洞的开挖有时具有更显著的沉降效应。

地壳沉降活动、松散沉积物的自然固结、人类开采地下水或油气资源引起的土层压缩等因素都会引起地面沉降，但从灾害研究角度而言的地面沉降是指人类活动引起的地面沉降，或者是以人类活动为主、自然动力为辅而引起的地面沉降。地面沉降的形成条件主要包括两个方面：

（1）地面沉降的地质条件，即具有较高压缩性的厚层松散沉积物。

（2）地面沉降的动力条件，如人类长期过量开采地下水和地下油气资源等。

12.3 地面沉降成因机制

由于地面沉降的影响巨大，因此早就引起了人们的密切注意。早期研究者曾提出一些不同的观点，如新构造运动说、地层收缩说和自然压缩说、地面动静荷载说、区域性海平面上升说等。大量的研究证明，过量开采地下水是地面沉降的外部原因，中等、高压缩性黏土层和承压含水层的存在则是地面沉降的内因。因而多数人认为，沉降是由于过量开采地下水、石油和天然气、卤水以及高大建（构）筑物的超量荷载等引起的。在孔隙水承压含水层中，抽取地下水所引起的承压水位的降低，必然要使含水层本身及其上、下相对隔水层中的孔隙水压力随之而减小。根据有效应力原理可知，土中由覆盖层荷载引起的总应力是由孔隙中的水和土颗粒骨架共同承担的。由水承担的部分称为孔隙水压力，它不能引起土层的压密，故又称为中性压力；而由土颗粒骨架承担的部分能够直接造成土层的压密，故称为有效应力。二者之和等于总应力。假定抽水过程中土层内部应力不变，那么孔隙水压力的减小必然导致土中有效应力等量增大，结果就会引起孔隙体积减小，从而使土层压缩。

由于透水性能的显著差异，上述孔隙水压力减小、有效应力增大的过程，在砂层和黏土层中是截然不同的。在砂层中，随着承压水头降低和多余水分的排出，有效应力迅速增至与承压水位降低后相平衡的程度，所以砂层压密是"瞬时"完成的。在黏性土层中，压密过程进行得十分缓慢,往往需要几个月、几年甚至几十年的时间;因而直到应力转变过程最终完成之前,黏土层中始终存在有超孔隙水压力(或称剩余孔隙水压力)。它是衡量该土层在现存应力条件下最终固结压密程度的重要指标。相对而言,在较低应力下砂层的压缩性小且主要是弹性、可逆的,而黏土层的压缩性则大得多且主要是非弹性的永久变形。因此,在较低的有效应力增长条件下,黏性土层的压密在地面沉降中起主要作用,而在水位回升过程中,砂层的膨胀回弹则具有决定意义。

此外,土层的压缩量还与土层的预固结应力(即先期固结应力)、土层的应力—应变性状有关。由于抽取地下水量不等而表现出来的地下水位变化类型和特点也对土层压缩产生一定的影响。

12.4 地面沉降治理

12.4.1 地面沉降地区

对已产生地面沉降的地区,基本措施是进行地下水资源管理,防治方法主要有:

(1)压缩地下水开采量,减少水位降深幅度。在地面沉降剧烈的情况下,应暂时停止开采地下水。

(2)向含水层进行人工回灌,回灌时要严格控制回罐水源的水质标准,以防止地下水被污染。并要根据地下水动态和地面沉降规律,制定合理的采罐方案。选择适宜的地点和部位向被开采的含水层、含油层施行人工注水或压水,使含水(油、气)层中孔隙液压保持在初始平衡状态上,使沉降层中因抽液所产生的有效应力增量 Δp_e 减小到最低限度,总的有效应力 p_e 低于该层的预固结应力 p_c。在抽水引起海水入侵和地下水质恶化的海岸地带,人工回灌井应布置在海水和淡水体的分界线附近,以防止淡水体的缩小或水质恶化。利用不同回灌季节、灌入水的温度不同调整回灌层次及时间,实施回灌水地下保温节能措施。冬灌低温水作为夏季工业降温水源,夏灌高温水作为冬季热水来源。把地表水的蓄积贮存与地下水回灌结合起来,建立地面及地下联合调节水库,是合理利用水资源的一个有效途径。一方面利用地面蓄水体有效补给地下含水层,扩大人工补给来源;另一方面利用地层孔隙空间贮存地表余水,形成地下水库以增加地下水贮存资源。

(3)调整地下水开采层次,进行合理开采,适当开采更深层地下水或以地面水源代替地下水源;具体措施如下:1)以地面水源的工业自来水厂代替地下水供水源地;2)停止开采引起沉降量较大的含水层而改为利用深部可压缩性较小的含水层或基岩裂隙水;3)根据预测方案限制地下水的开采量或停止开采地下水。

(4)在沿海低平原地带修筑或加高挡潮堤、防洪堤,防止海水倒灌、淹没低洼地区。

(5)改造低洼地形,人工填土加高地面。

(6)改建城市给、排水系统和输油、气管线,整修因沉降而被破坏的交通线路等线性工程,使之适应地面沉降后的情况。

(7)修改城市建设规划,调整城市功能分区及总体布局。规划中的重要建(构)筑物要避开沉降区。

12.4.2 可能发生地面沉降地区

对可能发生地面沉降的地区,应预测地面沉降的可能性及危害程度。预防措施有:

（1）估算沉降量，并预测其发展趋势。

（2）结合水资源评价，研究确定地下水资源的合理开采方案。在最小的地面沉降量条件下抽取最大可能的地下水开采量。

（3）采取适当的建筑措施。如避免在沉降中心或严重沉降地区建设一级建（构）筑物；在进行房屋、道路、管道、堤坝、水井等规划设计时，预先对可能发生的地面沉降量做充分考虑。

———————————————

复习思考题

12-1　什么是地面沉降，其形成需要哪些必要条件？

12-2　如何对地面沉降进行预测？

12-3　简述地面沉降的治理措施。

12-4　地面沉降与地面塌陷有什么区别？

13 地裂缝灾害及其防治

13.1 地裂缝定义

地裂缝是地表岩土体在自然或人为因素作用下，产生开裂，并在地面形成一定长度和宽度裂缝的一种地质现象，当这种现象发生在有人类活动的地区时，便可成为一种地质灾害。地裂缝的形成是指强烈地震时因地下断层错动使岩层发生位移或错动，并在地面上形成断裂，其走向和地下断裂带一致，规模大，常呈带状分布。图 13.1 和图 13.2 所示为我国两个地区的地裂缝。

图 13.1 凤翔地区地裂缝

图 13.2 白草塬地区地裂缝

13.2 地裂缝成因机制

目前，我国地裂缝的主要发展趋势是范围不断扩大、危害不断加重。从成因上讲，早期地裂缝多为自然成因，近期人为成因的地裂缝逐渐增多。

13.2.1 构造地裂缝

构造地裂缝是在构造运动和外动力地质作用（自然和人为）共同作用的结果。前者是地裂缝形成的前提条件，决定了地裂缝活动的性质和展布特征，后者是诱发因素，影响着地裂缝发生的时间、地段和发育程度，见图 13.3。从构造地裂缝所处的地质环境来看，构造地裂缝大都形成于隐伏活动断裂带之上。断裂两盘发生差异活动导致地面拉张变形，或者因活动断裂走滑、倾滑诱发地震等均可在地表产生地裂缝。更多情况是在广大地区发生缓慢的构造应力积累而使断裂发生蠕变活动形成地裂缝。这种地裂缝分布广、规模大、危害最严重。区域应力场的改变使土层中构造节理开启，也可发展为地裂缝。

构造地裂缝形成发育的外部因素主要有大气降水加剧裂缝发展及人为活动两方面，因过度抽水或灌溉水渗入等都会加剧地裂缝的发展。西安地裂缝就是城市过量抽取地下水产生地面沉降，从而加剧了地裂缝的发展。陕西泾阳地裂缝则是因农田灌水渗入和降雨同时作用而诱发的。

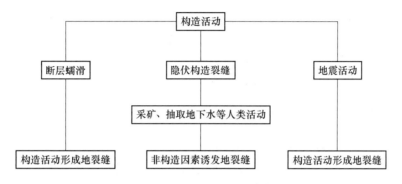

图 13.3 构造地裂缝成因机制框图

13.2.2 非构造地裂缝

非构造地裂缝的形成原因比较复杂，崩塌、滑坡、岩溶塌陷和矿山开采，以及过量开采地下水所产生的地面沉降都会伴随有地裂缝的形成；黄土湿陷、膨胀土胀缩、松散土潜蚀也可造成地裂缝；此外，还有干旱、冻融引起的地裂缝等。

特殊土地裂缝在中国分布也十分广泛。中国南方主要是胀缩土地裂缝，北方以黄土高原地区黄土地裂缝最发育。胀缩土是一种特殊土，它含有大量膨胀性黏土矿物，具有遇水膨胀、失水收缩的特性。中国南方广泛发育的残积红土就具有这种特点。北方广泛分布的黄土具有节理发育的特性，在地表水的渗入潜蚀作用下，往往产生地裂缝。

实践表明，许多地裂缝并不是单一成因的，而是以一种原因为主，同时又受其他因素影响的综合作用结果。因此，在分析地裂缝形成条件时，还要具体现象具体分析。就总体情况看，控制地裂缝活动的首要条件是现今构造活动程度，其次是崩塌、滑坡、塌陷等灾害动力活动程度以及动力活动条件等。

13.3 地裂缝分类

地裂缝是一种缓慢发展的渐进性地质灾害。按其形成的动力条件可分为两大类，即内动力形成的构造地裂缝和外动力作用形成的非构造型地裂缝。此外，还有混合成因的地裂缝。若按应力作用方式，地裂缝可分为张性地裂缝、压性地裂缝和扭性地裂缝。

（1）张性地裂缝。这类地裂缝的大体走向与压应力的作用方向是平行或者是垂直的。它的裂缝宽度较大，裂缝的表面粗糙不平整，呈锯齿状，线性延伸性能较差，且每一线段延伸距离不远，特殊情况下，还会发生方向转折，不过整体上的延伸方向是稳定的。

（2）压性地裂缝。这种压性地裂缝主要是由于压应力的作用而产生的，压应力主要产生于沉陷盆地中。压性地裂缝较为细小，延伸长度较短。

（3）扭性地裂缝。这种地裂缝是由于剪应力的作用引起的，地裂缝的走向大致与最大剪应力的作用方向相平行。具有良好的延伸性，线性较为平直。

13.4 地裂缝治理

13.4.1 防治原则

地裂缝灾害多数发生在由主要地裂缝所组成的地裂缝带内，所有横跨主裂缝的工程和建（构）筑物都可能遭到破坏。对人为成因的地裂缝关键在于预防，合理规划、严格禁止地裂缝附近的开采行为。对自然成因地裂缝则主要在于加强调查和研究，开展地裂缝易发区的区域评价，以避让为主，从而避免或减轻经济损失。

13.4.2 防治措施

13.4.2.1 控制人为因素的诱发作用

对于非构造地裂缝，可以针对其发生的元凶，采取各种措施来防止或减少地裂缝的发生。例如采取工程措施防止发生崩塌、滑坡，通过控制抽取地下水防止和减轻地面沉降或地面塌陷等；对于黄土湿陷裂缝，主要应防止降水和工业、生活用水的下渗和冲刷；在矿区井下开采时，根据实际情况，控制开采范围，增多、增大预留保护柱，防止矿井坍塌诱发地裂缝。

13.4.2.2 建筑设施避让防灾措施

对于构造成因的地裂缝，因其规模大、影响范围广，在地裂缝发育地区进行开发建设时，首先应进行详细的工程地质勘察，调查研究区域构造和断层活动历史，对拟建场地查明地裂缝发育带及隐伏地裂缝的潜在危害区，做好城镇发展规划，即合理规划建（构）筑物布局，使工程设施尽可能避开地裂缝危险带，特别要严格限制永久性建筑设施横跨地裂缝。如根据《西安地裂缝场地勘察与工程设计规程》（DBJ 616—2006）一般避让宽度不少于 $4 \sim 10\text{m}$。

对已经建在地裂缝危害带内的工程设施，应根据具体情况采取加固措施。如跨越地裂缝的地下管道工程，可采用外廊隔离、内悬支座式管道并配以活动软接头连接措施等预防地裂缝的破坏。对已遭受地裂缝严重破坏的工程设施，需进行局部拆除或全部拆除，防止对整体建筑或相邻建筑造成更大规模破坏。

13.4.2.3 监测预测措施

通过地面勘察、地形变测量、断层位移测量以及音频大地电场测量、高分辨率纵波反射测量等方法监测地裂缝活动情况,预测、预报地裂缝发展方向、速率及可能的危害范围。

复习思考题

13-1 什么是地裂缝，它有什么特征？

13-2 简述地裂缝的形成原因。

13-3 如何对地裂缝进行分类？

13-4 我国地裂缝的分布有什么特点？

13-5 简述地裂缝防治的措施及原则。

参 考 文 献

[1] 张咸恭，王思敬，张倬元．中国工程地质学［M］．北京：科学出版社，2000．

[2] 吴兴民，张亚娟．地质学基础［M］．天津：南开大学出版社，2014．

[3] 石振明，孔宪立．工程地质学［M］．2 版．北京：中国建筑工业出版社，2011．

[4] 陈文昭，陈振富，胡萍．土木工程地质［M］．北京：北京大学出版社，2013．

[5] 陈祥军．工程地质学基础［M］．北京：中国水利水电出版社，2011．

[6] 沈自力，尹会珍．工程地质与水文地质［M］．郑州：黄河水利出版社，2010．

[7] 张忠学．工程地质与水文地质［M］．北京：中国水利水电出版社，2009．

[8] 王运生，孙书勤，李永昭．地貌学及第四纪地质学简明教程［M］．成都：四川大学出版社，2008．

[9] 任建喜．岩土工程测试技术［M］．武汉：武汉理工大学出版社，2015．

[10] 陈祥军，王景春．地质灾害防治［M］．北京：中国建筑工业出版社，2011．

[11] 刘传正．论地质灾害防治科学的哲学观［J］．水文地质工程地质，2015，42（2）．

[12] 潘懋．灾害地质学［M］．北京：北京大学出版社，2012．

[13] 仝达伟，张平之，吴重庆，等．滑坡监测研究及其最新进展［J］．传感器世界，2005，11（6）：10～14．

[14] 殷坤龙．滑坡灾害预测预报［M］．武汉：中国地质大学出版社，2004．

[15] 陈洪凯，董平，唐红梅．危岩崩塌灾害研究现状与趋势［J］．重庆师范大学学报（自然科学版），2015（6）：53～60．

[16] 唐亚明，薛强，毕俊擘，等．陕北黄土崩塌灾害风险评价指标体系构建［J］．地质通报，2012，31（6）：979～988．

[17] 周金星，王礼先，谢宝元，等．山洪泥石流灾害预报预警技术述评［J］．山地学报，2001，19（6）：527～532．

[18] 张春山，张业成，张立海．中国崩塌、滑坡、泥石流灾害危险性评价［J］．地质力学学报，2004，10（1）：27～32．

[19] 陈新建，王勇智，宋飞，等．黄土滑坡灾害特征及防治对策［M］．北京：冶金工业出版社，2013．

[20] 吴顺川，金爱兵，刘洋．边坡工程［M］．北京：冶金工业出版社，2017．

[21] 黄润秋，许向宁，唐川，等．地质环境评价与地质灾害管理［M］．北京：科学出版社，2007．

[22] 梁和成，周爱国，唐朝晖，等．城市建设用地地质环境评价与区划［M］．武汉：中国地质大学出版社，2010．

[23] 《工程地质手册》编委会．工程地质手册［M］．5 版．北京：中国建筑工业出版社，2018．

[24] 殷坤龙，张桂荣，陈丽霞，等．滑坡灾害风险分析［M］．北京：科学出版社，2010．

[25] 门玉明，王勇智，郝建斌，等．地质灾害治理工程设计［M］．北京：冶金工业出版社，2011．

[26] 彭建兵，卢全中，黄强兵，等．汾渭盆地地裂缝灾害［M］．北京：科学出版社，2017．

冶金工业出版社部分图书推荐

书　名	作　者	定价（元）
冶金建设工程	李慧民　主编	35.00
岩土工程测试技术（第2版）（本科教材）	沈　扬　主编	68.50
现代建筑设备工程（第2版）（本科教材）	郑庆红　等编	59.00
土木工程材料（第2版）（本科教材）	廖国胜　主编	43.00
混凝土及砌体结构（本科教材）	王社良　主编	41.00
工程经济学（本科教材）	徐　蓉　主编	30.00
工程地质学（本科教材）	张　荫　主编	32.00
工程造价管理（本科教材）	虞晓芬　主编	39.00
建筑施工技术（第2版）（国规教材）	王士川　主编	42.00
建筑结构（本科教材）	高向玲　编著	39.00
建设工程监理概论（本科教材）	杨会东　主编	33.00
土力学地基基础（本科教材）	韩晓雷　主编	36.00
建筑安装工程造价（本科教材）	肖作义　主编	45.00
高层建筑结构设计（第2版）（本科教材）	谭文辉　主编	39.00
土木工程施工组织（本科教材）	蒋红妍　主编	26.00
施工企业会计（第2版）（国规教材）	朱宾梅　主编	46.00
工程荷载与可靠度设计原理（本科教材）	郝圣旺　主编	28.00
流体力学及输配管网（本科教材）	马庆元　主编	49.00
土木工程概论（第2版）（本科教材）	胡长明　主编	32.00
土力学与基础工程（本科教材）	冯志焱　主编	28.00
建筑装饰工程概预算（本科教材）	卢成江　主编	32.00
建筑施工实训指南（本科教材）	韩玉文　主编	28.00
支挡结构设计（本科教材）	汪班桥　主编	30.00
建筑概论（本科教材）	张　亮　主编	35.00
Soil Mechanics（土力学）（本科教材）	缪林昌　主编	25.00
SAP2000结构工程案例分析	陈昌宏　主编	25.00
理论力学（本科教材）	刘俊卿　主编	35.00
岩石力学（高职高专教材）	杨建中　主编	26.00
建筑设备（高职高专教材）	郑敏丽　主编	25.00
岩土材料的环境效应	陈四利　等编著	26.00
建筑施工企业安全评价操作实务	张　超　主编	56.00
现行冶金工程施工标准汇编（上册）		248.00
现行冶金工程施工标准汇编（下册）		248.00